钢筋笼制作和模板安装实训

主编　杨张琴　陈珊珊　　副主编　王　建

浙江工商大學出版社
ZHEJIANG GONGSHANG UNIVERSITY PRESS
·杭州·

图书在版编目（CIP）数据

钢筋笼制作和模板安装实训 / 杨张琴，陈珊珊主编．
— 杭州 ：浙江工商大学出版社，2020.5
ISBN 978-7-5178-3788-6

Ⅰ．①钢… Ⅱ．①杨… ②陈… Ⅲ．①钢筋混凝土结构－工程施工 Ⅳ．①TU755

中国版本图书馆CIP数据核字(2020)第050228号

钢筋笼制作和模板安装实训
GANGJINLONG ZHIZUO HE MUBAN ANZHUANG SHIXUN

主　编　杨张琴　陈珊珊　副主编　王　建

责任编辑　厉　勇
封面设计　雪　青
责任印制　包建辉
出版发行　浙江工商大学出版社
（杭州市教工路198号　邮政编码310012）
（E-mail:zjgsupress@163. com）
（网址:http: //www.zjgsupress. com）
电话:0571-88904980,88831806(传真)
排　　版　杭州朝曦图文设计有限公司
印　　刷　杭州五象印务有限公司
开　　本　787mm×1092mm　1/16
印　　张　9
字　　数　175千
版 印 次　2020年5月第1版　2020年5月第1次印刷
书　　号　ISBN 978-7-5178-3788-6
定　　价　21.00元

浙江工商大学出版社营销部邮购电话　0571-88904970

编 委 会

主　编：杨张琴　陈珊珊

副主编：王　建

编　写：周小芳　林　意

谢　峰

前言
PREFACE

无论是高耸入云的摩天大楼，还是横跨江海的大桥隧道，都离不开钢筋混凝土结构。钢筋骨架就是建筑的骨骼，与混凝土协同作用，使建筑物巍然屹立。在建筑工程的施工过程中，钢筋模板工程即钢筋笼的绑扎和模板的安装，是保证建筑工程的结构质量和构件外形尺寸的重要部分，是施工过程中重要的工序。钢筋绑扎和模板安装的工艺更是建筑工程施工技术中的基础技术，是建筑施工专业学生就业上岗必须掌握的基本技能。

《钢筋笼制作和模板安装实训》一书是以实训工程为模型对象，依据国家现行规范标准和制图规则编写实训内容，介绍了结构构件的钢筋笼制作和模板安装的施工技术，指导性和实用性强。主要内容包括：钢筋模板工程介绍、框架柱钢筋笼制作与模板安装实训、框架梁钢筋笼制作与模板安装实训、现浇板钢筋笼制作与模板安装实训、剪力墙钢筋笼制作与模板安装，以及楼梯钢筋笼制作与模板安装等。

本教材作为实训课程的教材，注重实践性、实用性和可操作性，旨在以“生”为本，以技能为核心，力求学生自主动手达到实训要求。

本教材由杨张琴（负责编写项目二）、陈珊珊（负责编写项目三）担任主编，王建（负责编写项目一）担任副主编，参与编写工作的还有周小芳（项目四），谢峰（项目五），林意（项目六）。教材在编写过程中得到了校领导的大力帮助，在此表示感谢。

编　者

2019年11月

目录
CONTENTS

项目一 钢筋模板工程介绍

项目二 框架柱钢筋笼制作与模板安装实训

项目三　框架梁钢筋笼制作与模板安装实训

项目四　现浇板钢筋笼制作与模板安装实训

项目五　剪力墙钢筋笼制作与模板安装实训

项目六　楼梯钢筋笼制作与模板安装实训

项目一 钢筋模板工程介绍

ITEM 1

一、项目要求

知识目标 了解钢筋混凝土结构工程的特点和模板工程重要性，掌握钢筋工程和模板工程的相关工种，学会规范地使用工具。

技能目标 掌握钢筋模板工程的构成。

素质目标 培养学生良好的职业素养，使学生具有良好的专业操作知识，使学生养成认真负责的工作态度，并具有团队协作和交流能力。通过实训使学生拥有良好的职业道德和爱岗敬业的精神，树立良好的职业道德意识。

时间要求 2课时。

质量要求 符合《混凝土结构工程施工质量验收规范》(GB 50204—2002)。

安全要求 遵守施工现场的安全规定。

文明要求 自觉按照文明生产规则进行项目作业。

环保要求 按照环境保护原则进行项目作业。

二、项目背景与分析

钢筋混凝土结构工程在土木工程施工中占绝对主导地位。钢筋混凝土结构在土木工程中的应用范围极广，各种工程结构都可采用钢筋混凝土建造。在一些特殊领域如深大基坑(图1-1)、核电站工程(图1-2)、反应堆压力容器、海洋平台(图1-3)等，均得到十分有效的应用，它解决了钢结构难以解决的技术问题。

图 1-1 上海中心大厦基坑开挖深度为31.10m

图 1-2 秦山核电站

图 1-3 海洋平台

1. 各分项工程在建筑工程中的比例

日前，我国的建筑大多数为现浇钢筋混凝土结构，钢筋混凝土结构工程施工包括钢筋、模板和混凝土等主要分项工程。据不完全统计，钢筋用量占建筑工程总造价的20%—30%，模板工程占8%—10%，混凝土工程占建筑工程总造价的20%—60%。

在一般的建筑结构工程中，主要工种的比例为模板工∶钢筋工∶混凝土工∶架子工∶力工＝2∶1∶1∶0.5∶4。可见钢筋和模板工程在建筑工程中占有很大的比重。钢筋工和模板工的工作场景，如图1-4、图1-5所示。

图1-4 钢筋工的工作场景

图1-5 模板工的工作场景

2. 钢筋和模板的前期工作

建筑翻样是指施工技术人员按图纸计算工料时，列出详细加工清单并画出加工图，用于指导钢筋工和模板工制作钢筋工程和模板工程，作为施工技术交底资料，分发到各专业班组以便指导施工。有了翻样图以后，各工种可以更直观地看到自己工种的图纸，根据翻样图下料单中的钢筋级别，模板形状、尺寸、数量，直接进行钢筋和模板加工制作，这样既简单又准确，能有效提高材料的利用率，减少了材料因不合理的切割造成的浪费。

施工翻样图是把建筑施工图纸和结构图纸中各种各样的钢筋样式、规格、尺寸以及所在位置，按照国家设计施工规范的要求，详细地列出下料单，画出组装构件图，方便钢筋工和模板工按下料单进行钢筋构件制作，同时它也是制作木工模板的有效依据，以及作业班组进行生产制作和装配的依据。

框架梁钢筋翻样图，如图1-6所示。木模板翻样图，如图1-7所示。钢筋下料单见表1-1所示。

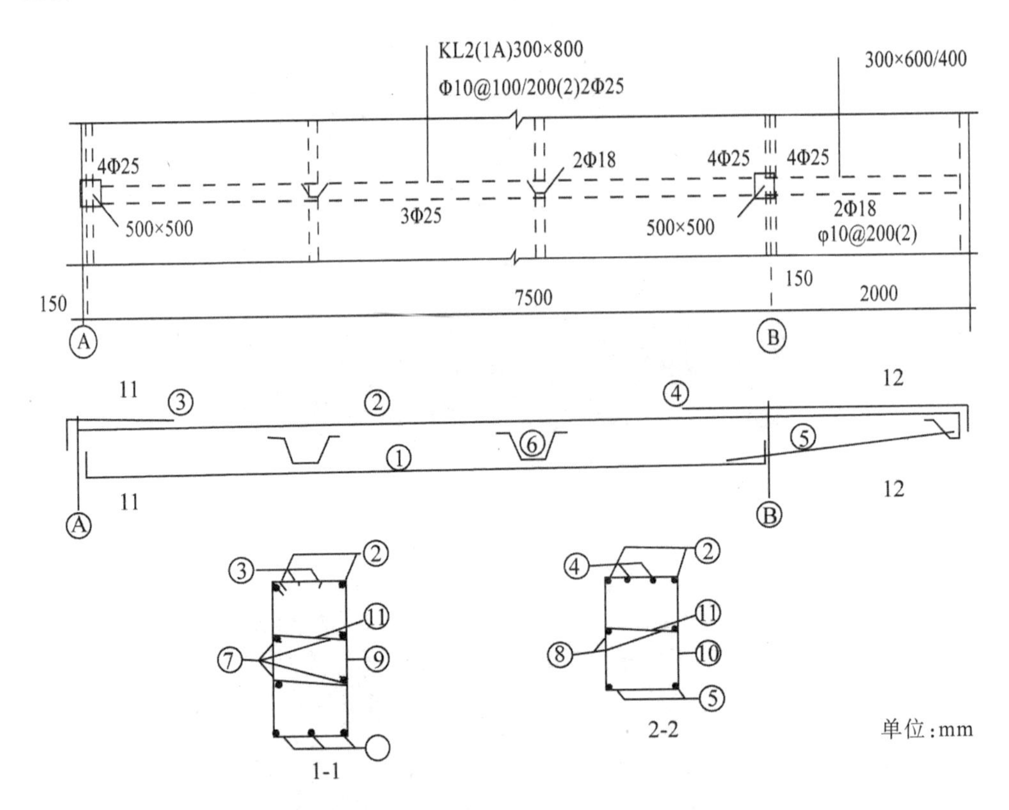

图1-6 框架梁钢筋翻样图

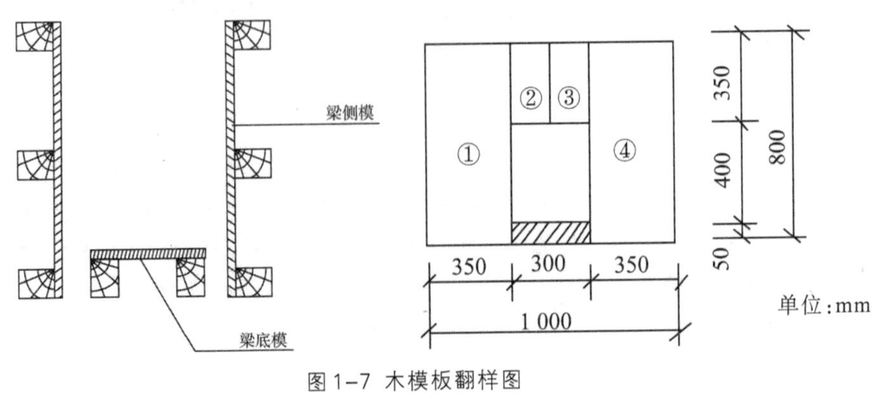

图1-7 木模板翻样图

表 1-1 钢筋下料单

构件名称	钢筋编号	简图	钢号	直径（mm）	下料长度（mm）	单根根数	合计根数	质量（kg）
L1梁（共10根）	①	200 6190	Φ	25	6802	2	20	523.75
	②	6190	Φ	12	6340	2	20	112.60
	③	765 636 3760	Φ	25	6824	1	10	262.72
	④	265 636 4760	Φ	25	6824	1	10	262.72
	⑤	162 462	Φ	6	1298	32	320	91.78
	合计	Φ6:91.7kg; Φ12:112.60kg Φ25:1049.19kg						

三、钢筋工程

1. 认识建筑用的钢筋

（1）钢筋种类

钢筋混凝土结构所用钢筋的种类较多，如图1-8所示。根据用途不同，分为普通钢筋和预应力钢筋。根据钢筋的生产工艺不同，分为热轧钢筋、热处理钢筋、冷加工钢筋等。热轧带肋钢筋的牌号由HRB和牌号的屈服点最小值构成。热轧带肋钢筋分为HRB400、HRB500牌号，光圆钢筋的牌号为HPB300，余热处理钢筋的牌号为RRB400。

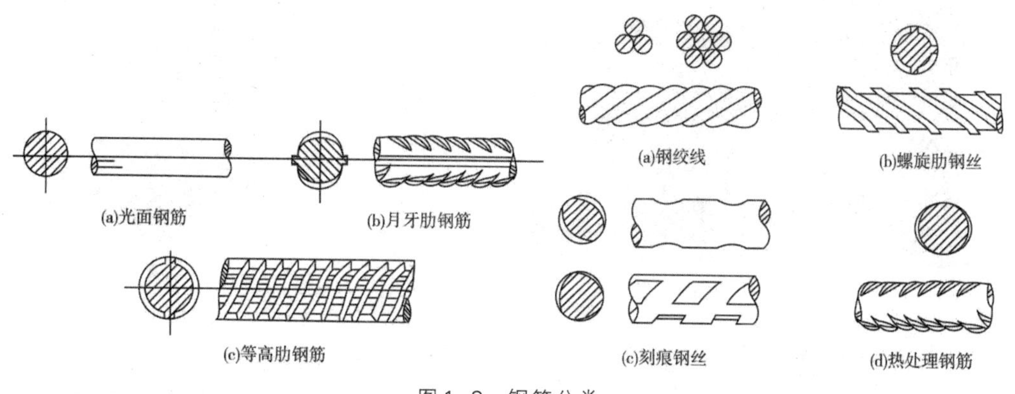

图1-8 钢筋分类

（2）钢筋符号

钢筋混凝土构件中所用的钢筋种类随生产条件的不同而有区别，各种钢筋的符号见表1-2,应用符号的表示方法是在符号右侧写出钢筋直径(以毫米为计量单位),例如φ16表示直径为16mm的HPB300级钢筋。

表1-2 钢筋符号

钢筋种类		符 号
热轧钢筋	HRB300级钢筋	Φ
	HRB335级钢筋	Φ
	HRB400级钢筋	Φ
	HRB500级钢筋	Φ

2. 钢筋加工

钢筋加工过程取决于结构设计要求和钢筋加工的成品种类。一般的加工施工过程有调直、除锈、切断、弯曲、连接、安装等。如果设计需要,在使用前还可能进行钢筋冷加工(主要是冷拉、冷拔)。在钢筋下料剪切前,要经过配料计算,有时还有钢筋代换工作。钢筋绑扎安装要求与模板施工相互配合协调。钢筋绑扎安装完毕,必须经过检查验收合格后,才能进行混凝土浇筑施工。

(1)钢筋调直

弯曲不直的钢筋在混凝土中不能与混凝土共同工作而导致混凝土出现裂缝,以致产生不应有的破坏。如果用未经调直的钢筋来断料,断料钢筋的长度不可能准确,从而会影响到钢筋成型、绑扎安装等一系列工序的准确性。因此钢筋调直是钢筋加工中不可缺少的工序。钢筋调直机,如图1-9所示。

图1-9 钢筋调直机

(2)钢筋除锈

在自然环境中,钢筋表面接触到水和空气,就会在表面结成一层氧化铁,这就是铁锈。生锈的钢筋(图1-10)不能与混凝土很好粘结,从而影响钢筋与混凝土共同受力工作,致使混凝土受到破坏而造成钢筋混凝土结构构件承载力降低,最终混凝土结构耐久性能下降,结构构件完全破坏,钢筋的防锈和除锈是钢筋工非常重要的一项工作。

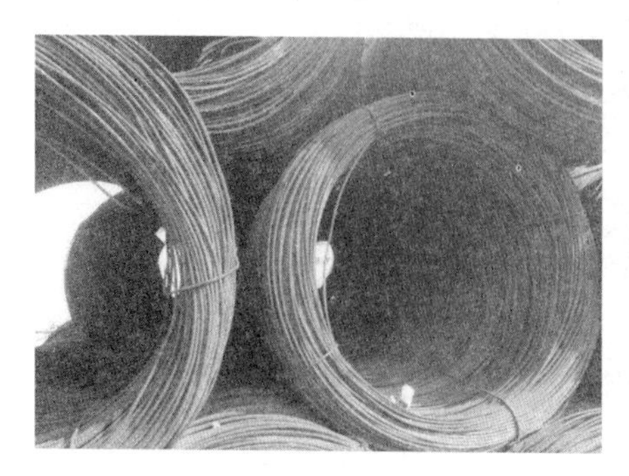

图 1-10　生锈的钢筋

钢筋除锈的方法。钢筋除锈的方法有多种,常用的有人工除锈(图 1-11)、机器除锈(图 1-12)和喷刷除锈(图 1-13)。

图 1-11　人工除锈

图 1-12　机器除锈

图 1–13　喷刷除锈

(3)钢筋切断

钢筋经调直后,即可按下料长度进行切断。钢筋切断前,应有计划地根据工地的材料情况确定下料方案,确保钢筋的品种、规格、尺寸、外形符合设计要求。切断时,精打细算,长料长用,短料短用,使下脚料的长度最短。切剩的短料可作为电焊接头的绑条或其他辅助短钢筋使用,力求减少钢筋的损耗。手动断线钳,如图 1–14 所示。钢筋切断机,如图 1–15 所示。

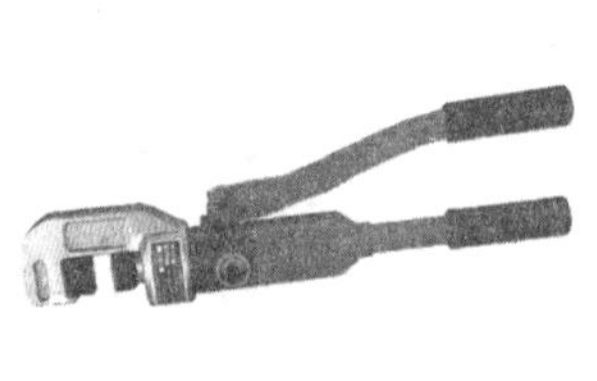

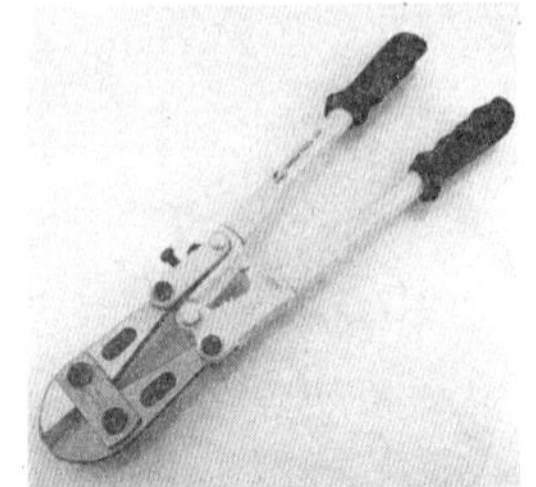

图 1–14　手动断线钳

(a)

(b)

图 1–15　钢筋切断机

(4)钢筋弯曲成型

弯曲成型是将已切断、配好的钢筋按照施工图纸的要求加工成规定的形状和尺寸。钢筋弯曲成型的顺序是:准备工作—划线—样件—弯曲成型。弯曲分为人工弯曲(图1-16)和机械弯曲(图1-17)两种。

(a)

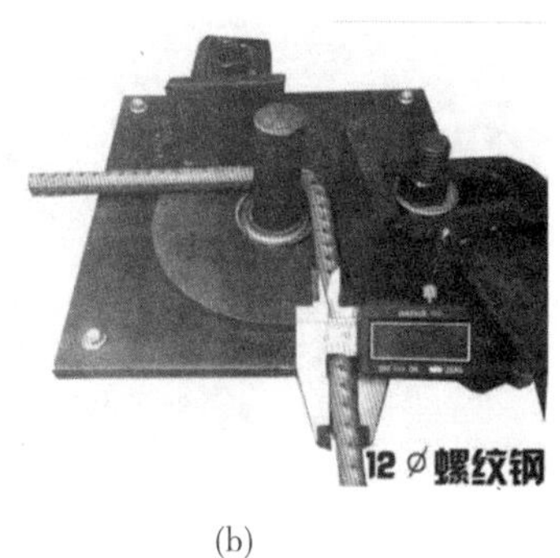

(b)

图1-16　人工弯曲

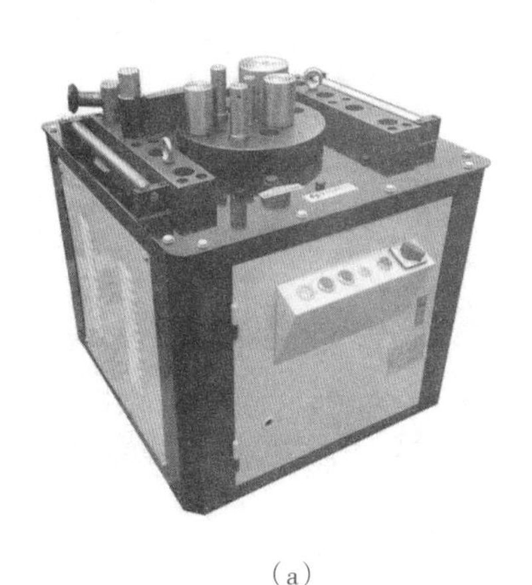

(a)

(b)

图1-17　机械弯曲

(5)钢筋连接

直条钢筋的长度,通常只有9—12m。构件长度大于12m时一般都要连接钢筋。钢筋连接有三种常用的连接方法:绑扎连接(图1-18)、焊接连接和机械连接(挤压连接和锥螺纹套管连接)。除个别情况(如在不准出现明火的位置施工),应尽量采用焊接连接,以保证钢筋的连接质量,提高连接效率和节约钢材。电弧焊如图1-19所示,电渣焊如图1-20所示,闪光对焊如图1-21所示,常见钢筋机械连接形式如图1-22所示。

在钢筋混凝土结构中,钢筋起着关键性的作用。由于在混凝土浇筑后,钢筋质量难以检验,因此钢筋工程属于隐蔽工程。需要在施工过程前,进行严格的质量控制,并建立起必要的检查和验收制度。

(a)

(b)

图1-18　绑扎连接

(a)

(b)

图1-19　电弧焊

(a)

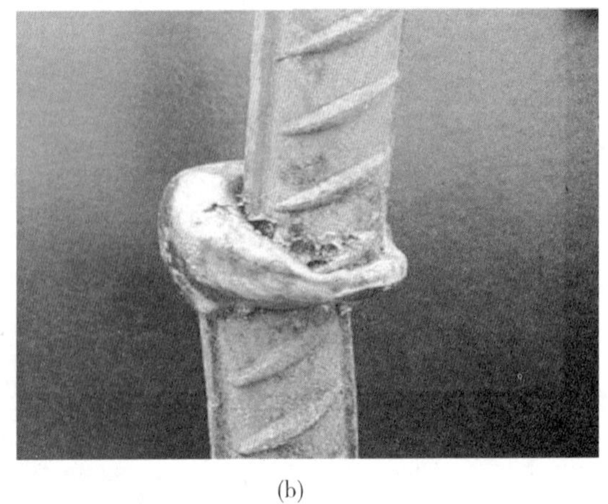

(b)

图1-20　电渣焊

(a)

(b)

图1-21　闪光对焊

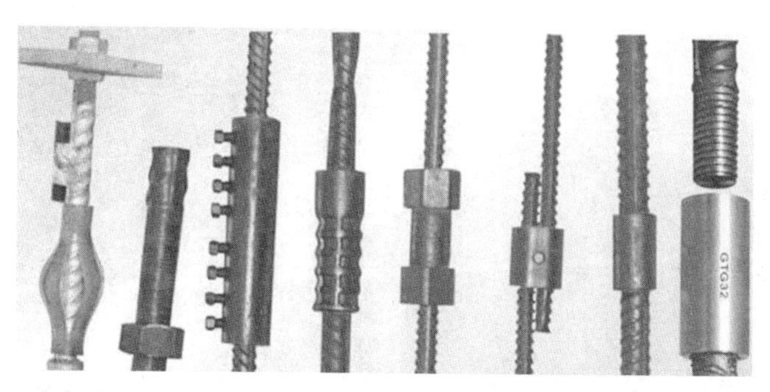

图1-22　常见钢筋机械连接形式

(6)钢筋笼制作安装

钢筋笼制作安装(图1-23)是钢筋施工的最后工序,钢筋的绑扎安装工作一般采用预先将钢筋在加工棚弯曲成型,再组合绑扎成钢筋笼的方法。

钢筋笼机械化制作,如图1-24所示。半自动钢筋钩和钢筋扎钩,如图1-25所示。全自动绑扎机如图1-26所示。

图1-23 桩钢筋笼制作安装

图 1-24 钢筋笼机械化制作

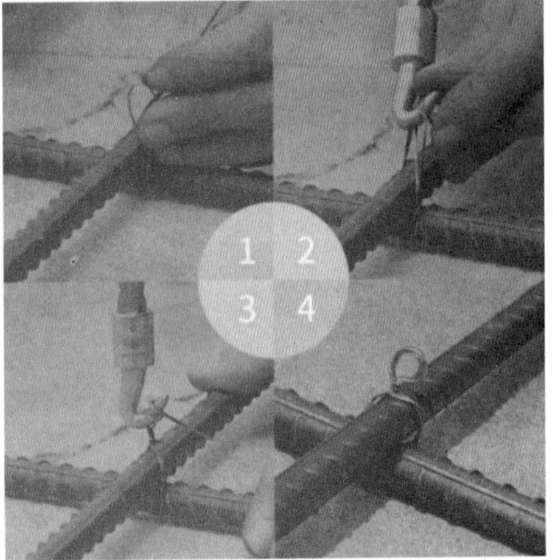

图 1-25 半自动钢筋钩和钢筋扎钩

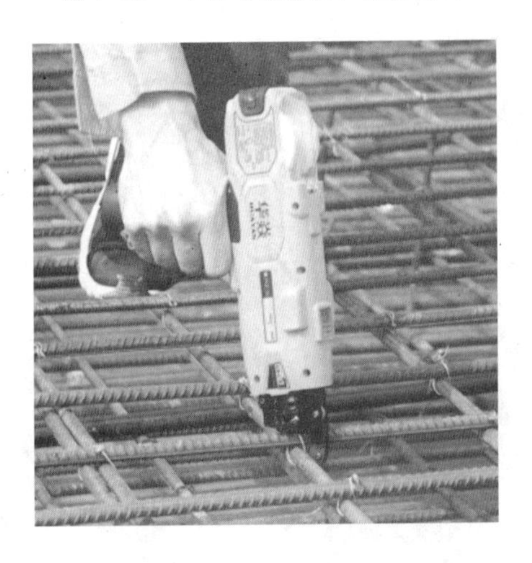

图 1-26 全自动绑扎机

四、模板工程

模板是现浇混凝土成型用的模型工具。模板系统包括模板、支撑和紧固件。模板工程施工工艺一般包括模板的选材、选型、设计、制作、安装、拆除和修整。我国的模板技术，自从20世纪70年代提出“以钢代木”的技术政策以来，已形成组合式、工具化、永久式三大系列工业化模板体系。

1. 模板的类型

模板要求具有足够的承载能力、刚度和稳定性；构造力求简单，装拆方便，能多次周转使用；接缝要严密不漏浆；模板选材要经济适用，尽可能降低模板的施工费用。

(1)木模板

木模板(图1-27)是最早被人们使用的模板工程材料。木模板的主要优点是重量轻，制作拼装随意，改制、装拆、运输均较方便，一次投资少，尤其适用于浇筑外形复杂、数量不多的混凝土结构或构件；但易开裂、翘曲与变形，周转次数少。

图1-27 木模板

(2)组合钢模板

组合钢模板是一种工具式模板，用它可以拼出多种尺寸和几何形状，可适应多种类型建筑物的梁、柱、板、墙、基础和设备基础等。组合钢模板也是施工企业拥有量最大的一种钢模板。钢模板具有轻便灵活、装拆方便，存放、修理和运输便利，以及周转率高等优点;但也存在安装速度慢,模板拼缝多,易漏浆,拼成大块模板时重量大、较笨重等缺点。组合钢模板包括平面模板、阴角模板、阳角模板和连接角模板等几种。

桥墩定型钢模板,如图1-28所示。

图1-28　桥墩定型钢模板

(3)竹胶模板

竹胶模板(图1-29)是继木模板、钢模板之后的第三代建筑模板。竹胶模板以其优越的力学性能,可观的经济效益,正逐渐取代木、钢模板在模板产业中的主导地位。竹胶模板系用毛竹蔑编织成席覆面,竹片编织作芯,经过蒸煮干燥处理后,采用酚醛树脂在高温高压下多层黏合制成。竹胶模板强度高,韧性好,板面平整光滑可取消抹灰作业,缩短作业工期,表面对混凝土的吸附力小,容易脱模。在混凝土养护过程中,遇水不变形,周转次数多,便于维护保养。竹胶模板保温性能好于钢模板,有利于冬季施工。它还可以在一定范围内弯曲,因此可做成不同弧度的曲面模板。

竹胶模板已被列入建筑业重点推广的一项新技术,广泛应用于楼板模板、墙体模板、柱模板等大面积模板。

图 1–29 竹胶板模

(4)滑升模板

滑升模板(图 1-30)是一种工业化模板,施工时在建筑物或构筑物底部,沿墙、柱、梁等构件的周边,一次装设 1m 多高的模板。在模板内不断浇筑混凝土和不断向上绑扎钢筋的同时,利用一套提升设备,将模板装置不断向上提升,使混凝土连续成型,直到达到需要浇筑的高度为止。滑升模板最适用于现场浇筑高耸的圆形、矩形、筒壁结构,如筒仓、储煤塔、竖井等。近年来,滑升模板施工技术有了进一步的发展,不但适用于浇筑高耸的变截载面结构,如烟囱、双曲线冷却塔,而且还应用于剪力墙、筒体结构等高层建筑的施工。

图 1–30 剪力墙结构滑升模板

(5)台模

台模(图1-31)是一种大型工具模板,主要用于浇筑平板式或带边梁的楼板,一般是一个房间用一块台模。利用台模浇筑楼板可省去模板的装拆时间,能节约模板材料和减少劳动消耗,但一次性投资较大,且要大型起重机械配合施工。台模按支撑形式分为支腿式和无支腿式两类。

图1-31　台模

此外,还有塑料模壳板、玻璃钢模壳板、预制混凝土薄板模板(永久性模板)、压型钢板模、装饰衬模等。

2. 认识制作模板的工具

(1)羊角锤

羊角锤(图1-32)是锤子的一种,一般羊角锤的一头是圆的,一头扁平向下弯曲并且开V口,目的是起钉子。

图1-32 羊角锤

(2)钉子

钉子(图1-33)指的是尖头状的硬金属(通常是钢),主要用于固定木头等物。锤子将钉子钉入物品中,近年来,出现了电钉枪、瓦斯钉枪。钉子能够稳固物品,借助自身的变形而勾挂于其上,以及靠着摩擦力。可以用羊角锤的V口来拔出钉错位置或不需要的钉子。

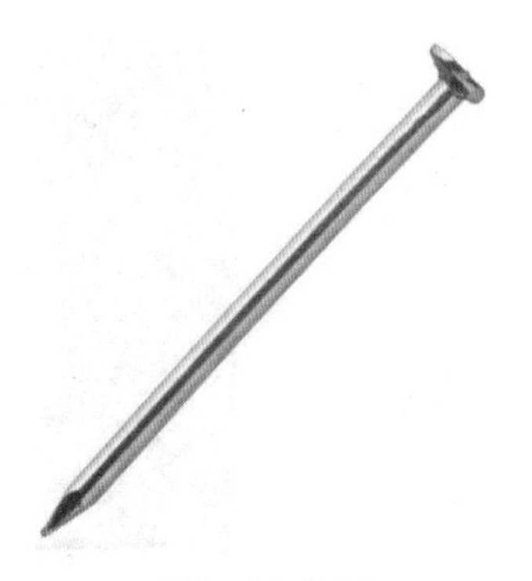

图1-33 钉子

(3)步步紧

步步紧及其使用方法,如图1-34所示。

图1-34 步步紧及其使用方法

步步紧是一种新型建筑用具,使用方法快捷,不仅能节省工作时间,提高工作效率,而且能节约大量木材,取代传统的铁丝捆绑法、螺杆丝杠法、固圈加塞法。

“步步紧”模板钢卡根据长度不同，有70cm、80cm、90cm、100cm。经测算，这种多用模板卡子，工地制作成本不足9元。如由加工厂生产，成本还会降低，而且可供反复使用，损坏率极低。

(4)穿墙螺栓

穿墙螺栓及其使用方法，如图1-35所示。

图1-35 穿墙螺栓及其使用方法

穿墙螺栓用于墙体模板内、外侧模板之间的拉结，承受混凝土的侧压力和其他荷载，确保内外侧模板的间距能满足设计要求，同时也是模板及其支撑结构的支点，穿墙螺栓的布置对模板结构的整体性、刚度和强度影响很大。

五、实训操作安全注意事项

1. 学生仪容、仪表符合要求，着装整齐规范，进入实训场地必须戴好安全帽，不准将食品、饮料带入室内。

2. 学生要听从实训指导教师和管理人员安排，按序轮换，规范、安全、文明操作。教师演示时，学生要坐好或排好队认真观看，不准随便走动或交头接耳或大声说话，不准玩闹。

3. 学生要遵守课堂秩序，认真练习，正确掌握各种建筑设备使用方法，严禁拿各种设备玩耍。

4. 学生进行钢筋下料和模板制作时，必须戴好防护手套。

5. 模板未支牢固不准离开，如离开得有专人看护。严禁猛撬、硬砸或大面积撬落和拉倒，完工前，不得留下松动和悬挂的模板，拆下的模板应及时运送到指定地点集中堆放。

6. 课程结束前，应整理好实训工具，把实训器具堆放在指定的地方。

❖ 课后练习 ❖

一、选择题

1. 在建筑工程中，下列材料用量占工程量总价的比重最大的是(　　)。
   A. 钢筋　　B. 模板　　C. 混凝土　　D. 砖墙
2. 能使用搭设工具，将钢管、夹具和其他材料搭设成操作平台、安全栏杆、井架、吊篮架、支撑架等的工种为(　　)。
   A. 钢筋工　　B. 模板工　　C. 混凝土工　　D. 架子工
3. 钢筋翻样职业资格共分(　　)个等级。
   A. 1　　B. 2　　C. 3　　D. 4
4. 一个合格的钢筋翻样人员必须具备多方面的知识和经验，下列不是钢筋翻样人员所需要掌握的是(　　)。
   A. 数学计算　　B. 计算机操作　　C. 施工图识图　　D. 建筑结构计算
5. 下列不是木工翻样人员岗位要求的是(　　)。
   A. 绘制模板图　　B. 木工技术交底　　C. 模板采购与验收　　D. 模板质量复核
6. 下面的钢筋符号⏀表示哪种钢牌号(　　)。
   A. HRB400　　B. HPB300　　C. RRB400　　D. HRB500
7. 钢筋连接中，最省钢材的连接方式是(　　)。
   A. 绑扎连接　　B. 焊接连接　　C. 挤压连接　　D. 螺纹套管连接
8. 建筑使用的模板需要满足一定的条件，下面条件中，不属于其要求的是(　　)。
   A. 强度　　B. 刚度　　C. 韧性　　D. 装拆方便
9. 下列模板已被列入建筑业重点推广的一项新技术的是(　　)。
   A. 模板木　　B. 组合钢模板　　C. 竹胶模板　　D. 滑升模板
10. 下列模板中，常用于高层建筑是(　　)。
   A. 模板木　　B. 组合钢模板　　C. 竹胶模板　　D. 滑升模板

二、判断题

1. 混凝土工是将各种砂浆、装饰性水泥石子浆等涂抹在建筑物的墙面、地面、顶棚等表面上的施工人员。(　　)
2. 在翻样过程中可以发现一些原设计施工图中的不足之处或者错误之处，能够在下料前予以纠正。(　　)
3. 钢筋翻样师是指掌握施工图设计中钢筋平法图集及相关规范、计算规则，达到准确

计算工程项目中钢筋工程量的专业人员。 （ ）

4. 钢筋翻样是对建筑施工图的一种深化方法，是将建筑的钢筋设计图转化为加工图的一种方法。 （ ）
5. 一个合格的钢筋翻样人员必须具备数学计算、精通图纸、熟练地布筋、排筋的能力，还能发现图纸上不合理的地方等多方面的知识和经验。 （ ）
6. 钢筋翻样是在施工过程中，列出下料单，可以方便钢筋工进行钢筋构件制作和绑扎安装，从而减少钢筋的浪费。 （ ）
7. 模板翻样一般包括模板的选材、选型、设计、制作、安装、拆除和修整。 （ ）
8. 模板翻样不需要负责计划编制和控制，参与周转材料目标成本计划编制。 （ ）
9. 目前已形成组合式、工具化、永久式三大系列工业化模板体系。 （ ）
10. 台模是一种大型工具模板，主要用于浇筑框架柱或带边梁的楼板。 （ ）

三、简答题

1. 简述钢筋的加工种类。

2. 模板的分类有哪些？

项目二 ITEM 2 框架柱钢筋笼制作与模板安装实训

一、项目要求

知识目标 熟悉结构施工图和框架柱的钢筋下料，并做好钢筋绑扎和木模板安装的施工前准备。掌握框架柱钢筋骨架绑扎的工艺要求、施工规范标准和验收要点。掌握木模板安装的工艺要求、施工规范标准、验收要点、拆模要领以及顺序。

技能目标 掌握框架柱钢筋骨架绑扎和模板安装的施工方法、施工技术。

素质目标 培养学生良好的职业素养，使学生养成工作认真负责的态度，具有团队意识、交流能力和妥善处理人际关系的能力，具有良好的职业道德和爱岗敬业精神，树立良好的职业道德意识。

时间要求 6课时。

质量要求 符合《混凝土结构工程施工质量验收规范》(GB 50204—2002)。

安全要求 遵守施工现场的安全规定。

文明要求 自觉按照文明生产规则进行项目作业。

环保要求 按照环境保护原则进行项目作业。

二、项目背景与分析

1.背景介绍

实训项目为某钢筋混凝土工程模型，抗震等级为四级，混凝土为C25，梁柱的混凝土保护层厚度为20mm，板的混凝土保护层厚度为15mm。该模型包含两根框架柱、三根框架梁、两块现浇板、一面剪力墙和一跑楼梯。实训工程结构施工图，如图2-1所示。

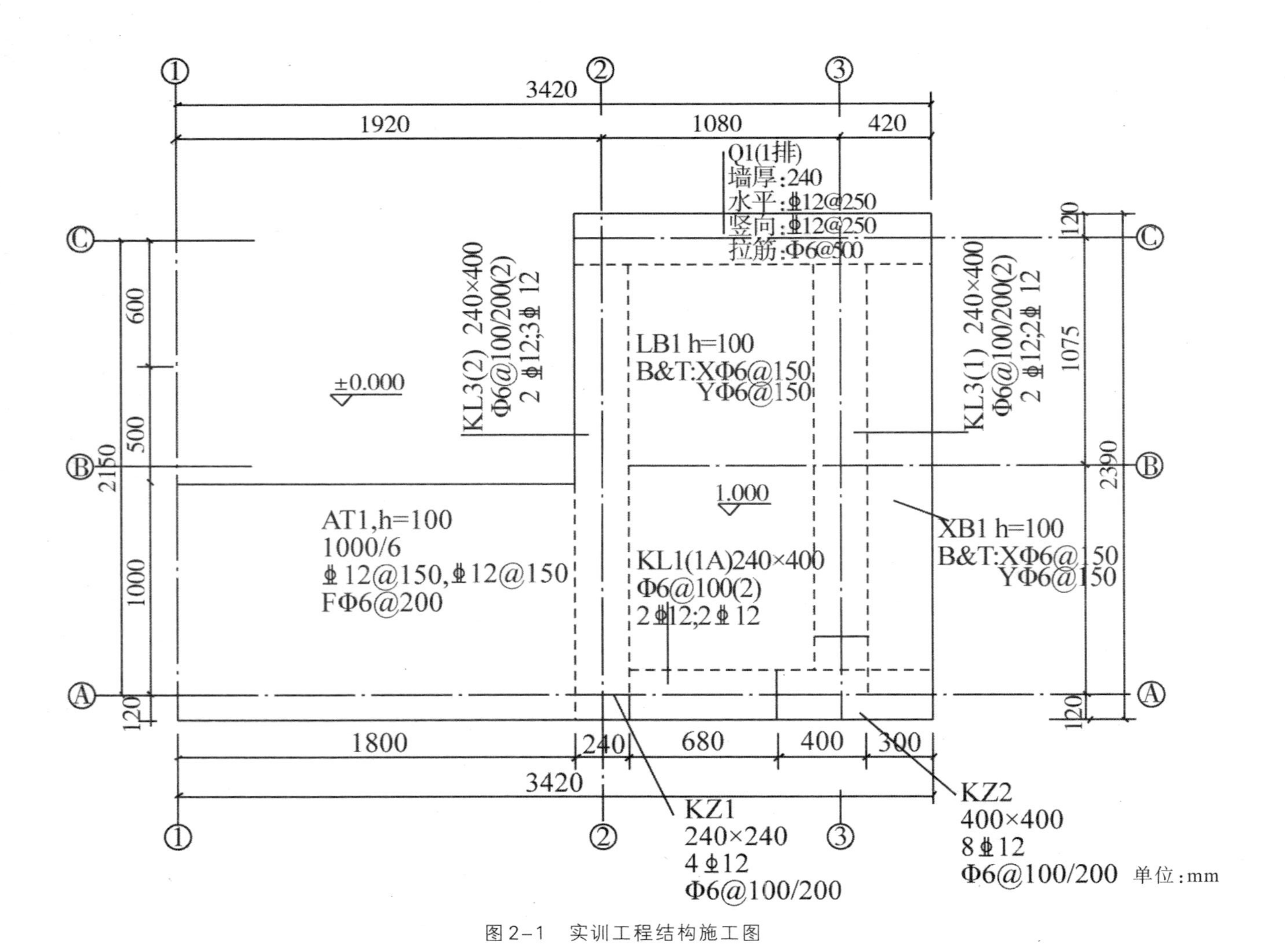

图2-1 实训工程结构施工图

2.项目分析

实训模型中的两根柱。一根是方形柱，尺寸为240mm×240mm，钢筋配置为纵筋4Φ12，箍筋为Φ6@100/200。一根是异形柱，L型，钢筋配置为纵筋8Φ12，箍筋为Φ6@100/200。柱底标高为0.000m，上标高为1.000m。柱架柱截面图，如图2-2所示。

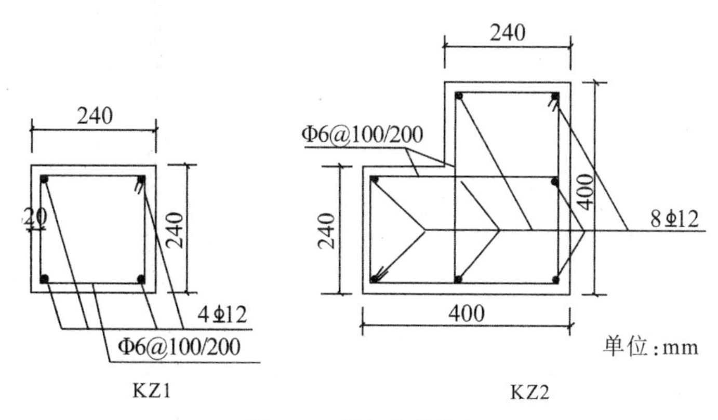

图2-2 框架柱截面图

三、项目实施的步骤

第一步 实训准备

人员准备

实训时分组进行，每组4人，分工见表2-1。

表2-1 分工表

序号	工 种	人 数	管理任务
1	施工员	1	施工员岗位管理任务
2	安全质检员	1	安全质检员岗位管理任务
3	材料员	1	材料员岗位管理任务
4	资料员(监理员)	1	资料员(监理员)岗位管理任务

资料准备

实训指导书、柱钢筋绑扎技术交底记录、柱模板安装技术交底记录、《建筑施工技术》《钢筋混凝土工程验收标准》。

工具准备

①钢筋、②扎丝、③木模板、④方料、⑤铁钉、⑥钢筋钩子、⑦锤子、⑧安全帽、⑨手套、⑩断丝钳、⑪卷尺等。

第二步 钢筋下料

柱纵筋下料长度公式为：

基础插筋低位　L低＝横弯段长度＋基础高度－基础保护层厚度＋$H_1/3-2d$

基础插筋高位　L高＝L低＋35d

底层纵筋　L低＝L高＝该层柱高－$H_1/3+\text{Max}(500, hc, H_2/6)$

中间层纵筋　L低＝L高＝该层柱高－$\text{Max}(500, hc, H_n/6)+\text{Max}(500, hc, H_{n+1}/6)$

顶层纵筋　L低＝该层柱高－$\text{Max}(500, hc, H_n/6)$－柱保护层厚度＋$12d-2d$

L高＝L低－35d

箍筋　$L=(b+h)\times 2-8c-3\times 2d+11.9d\times 2$（双肢箍）

$L=b-2c+11.9d\times 2$（单肢箍）

$L=h-2c+11.9d\times 2$（单肢箍）

框架柱钢筋下料单表，见表2-2。

表2-2　框架柱钢筋下料单

序号	钢筋位置	数量	单根长度	形状	备注
1	KZ1纵筋高位	2			
2	KZ1纵筋低位	2			
3	KZ1箍筋	6			
4	KZ2纵筋高位	4			
5	KZ2纵筋低位	4			
6	KZ2箍筋	12			

按照下料单完成柱纵筋及箍筋的切断和弯曲。本次实训采用的是直径为12mm

的钢筋，可以人工切断和弯曲。

☞ **任务一：熟读《钢筋的切断工艺》，完成钢筋切断任务。**

1. 根据图纸检查下料单是否有错误和遗漏，根据下料单选择正确的钢筋型号（纵筋：________箍筋：________）。

2. 对钢筋原材料进行调直与除锈。目测钢筋局部弯曲情况，利用铁锤敲打调直。观察钢筋是否锈蚀，使用榔头、刮刀、钢丝刷等工具，对钢筋锈斑进行处理。先用榔头把钢筋锈斑敲松，然后用刮刀、钢丝刷去除锈斑。

3. 钢筋切断。根据图纸，使用卷尺量取正确的长度后，利用粉笔做好标记，使用钢筋钳剪断。

4. 堆放标记，整理场地工作台。将已经剪切完成的钢筋按照类型规范堆放，并做好标示牌标记。

☞ **任务二：熟读《钢筋的弯曲或弯钩工艺》，完成钢筋弯曲任务。**

1. 根据下料单正确选取钢筋。

2. 根据图示尺寸，使用卷尺量取后做好标记。

3. 在工作台上弯曲，控制好角度90°或者135°。

4. 依据表2-3的要求检验，堆放标记，整理场地工作台。

箍筋弯曲的步骤，如图2-3、图2-4所示。

方形柱箍筋弯曲工艺：

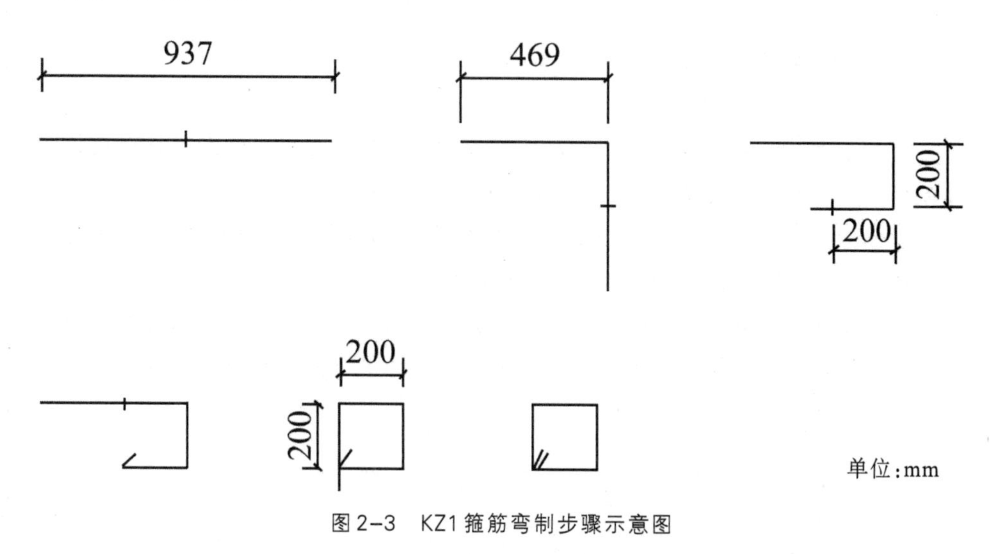

图2-3 KZ1箍筋弯制步骤示意图

①在操作台手摇板的左侧用铁钉标出469mm、200mm两个标志；②在钢筋一半处弯折90°；③在200mm长处弯折90°；④同一侧200mm处弯折135°；⑤换钢筋另一侧

200mm处弯折90°;⑥在200mm处弯折135°。

异形柱箍筋弯曲工艺:

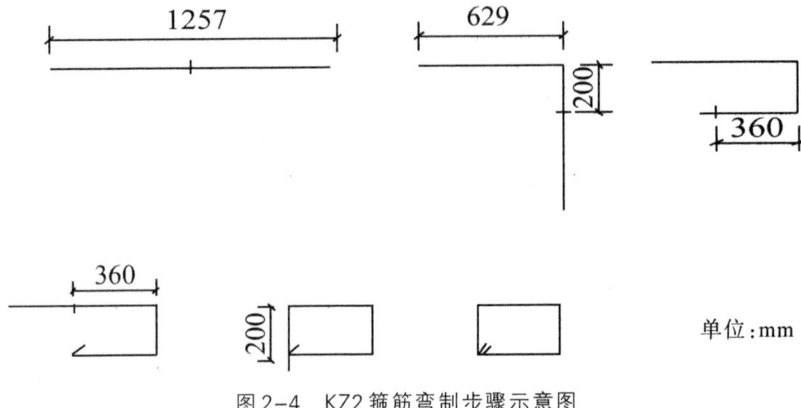

图2-4 KZ2箍筋弯制步骤示意图

①在操作台手摇板的左侧用铁钉标出629mm、200mm、360mm三个标志;②在钢筋一半处弯折90°;③在短边200mm长处弯折90°;④同一侧长边360mm处弯折135°;⑤换钢筋另一侧长边360mm处弯折90°;⑥短边200mm处弯折135°。

理论链接 钢筋弯曲

钢筋弯曲成型有两种方法:手工弯曲成型和机械弯曲成型。

一、手工弯曲成型

手工弯曲成型的设备简单,操作方便,成型准确,工地上经常采用此方法进行钢筋弯曲。主要工具设备有工作台、手摇板、卡盘、钢筋扳手。

工作台宽度通常为800mm,长度视钢筋种类而定,弯细钢筋时一般为400mm,弯粗钢筋时可为800mm,台高一般为900—1000mm。

手摇板的外形如图2-5所示。它由钢筋底板、扳柱、扳手组成,用来弯制直径在12mm以下的钢筋,操作前应将底盘固定在工作台上,其底盘表面应与工作台平直。

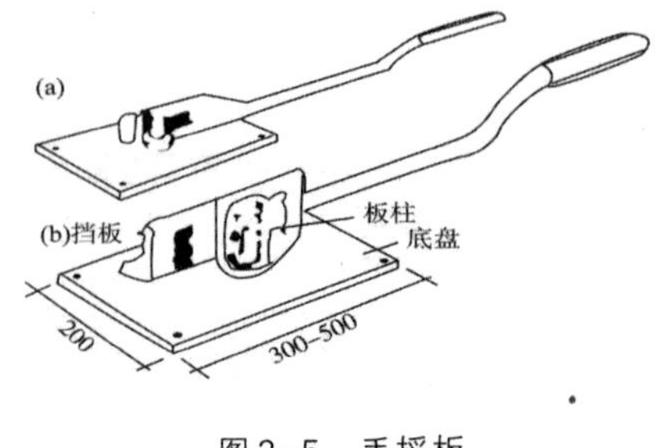

图2-5 手摇板

卡盘用来弯制粗钢筋，由一块钢板底盘和扳柱（直径20—25mm）组成，扳柱焊在底盘上，底盘固定在工作台上，如图2-6所示。(a)所示为四扳柱卡盘，扳柱水平净距约为100mm，垂直方向净距约为34mm，可弯曲直径为32mm的钢筋。(b)所示为三扳柱的卡盘，扳柱的两斜边净距为100mm左右，底边净距约为80mm。这种卡盘不需配钢套，可用厚12—16mm的钢板制作卡盘底板。

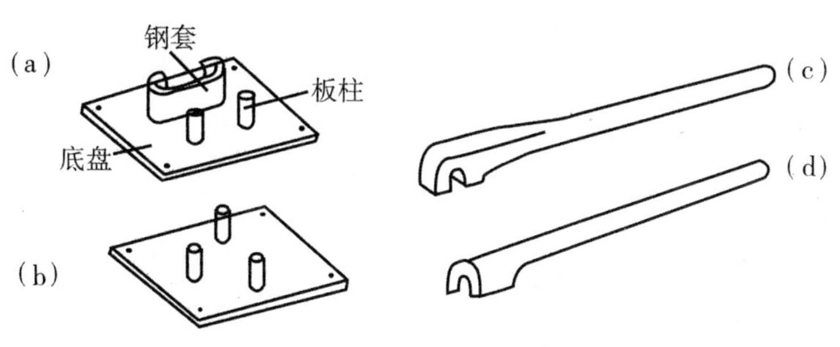

图2-6 卡盘与扳手

钢筋扳手主要与卡盘配合使用，分为横口扳手和竖口扳手两种，如图2-6(c, d)所示，横口扳手又有平头和弯头之分，弯头横口扳手仅在绑扎钢筋时作为纠正钢筋位置用。

钢筋的弯曲成型根据钢筋的不同操作步骤也不同。

1. 箍筋的弯曲成型

箍筋弯曲成型步骤分为五步，如图2-7所示。在操作前，首先要在手摇板左侧工作台上标出钢筋1/2长、箍筋短边内侧和长边内侧长（也可以标箍筋短边外侧和长边外侧长）三个标志。

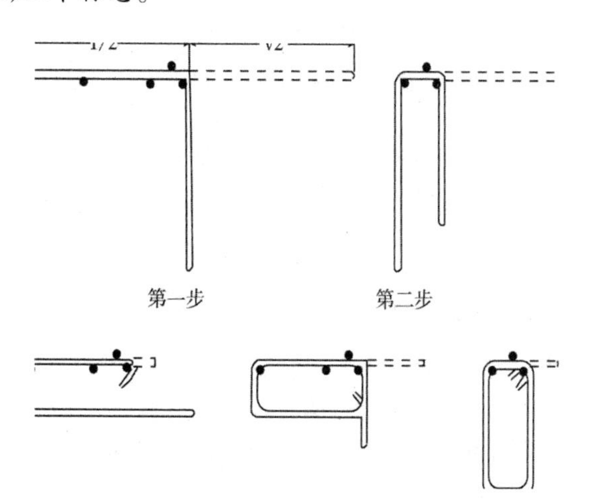

图2-7 箍筋弯曲成型步骤

箍筋弯曲成型步骤：第一步，在钢筋1/2处弯折90°；第二步，弯折短边90°；第三步，弯长边135°；第四步弯另一侧长边90°；第五步，弯短边135°。

因为第三步和第五步弯钩角度大，所以要比第二步、第四步操作时靠标志略松些，预留一些长度，以免箍筋不方正。

2. 弯起钢筋的弯曲成型

一般弯起钢筋长度较大，通常在工作台两端设置卡盘，分别在工作台两端同时完成成型工序。弯起钢筋的弯曲成型，如图2-8所示。

当钢筋的弯曲形状比较复杂时，可预先放出实样，再用扒钉钉在工作台上，以控制各个弯折角。第一步，在钢筋中段弯曲处钉两个扒钉，弯第一对45°；第二步在钢筋上段弯曲处钉两个扒钉，弯第二对45°弯；第三步，在钢筋弯钩处钉两个扒钉，弯两对弯钩；第四步起出扒钉。

各种不同钢筋弯折时，常将端部弯钩作为最后一个弯折程序，这样可以将配件弯折过程中的误差留在弯钩内，不致影响钢筋的整体质量。

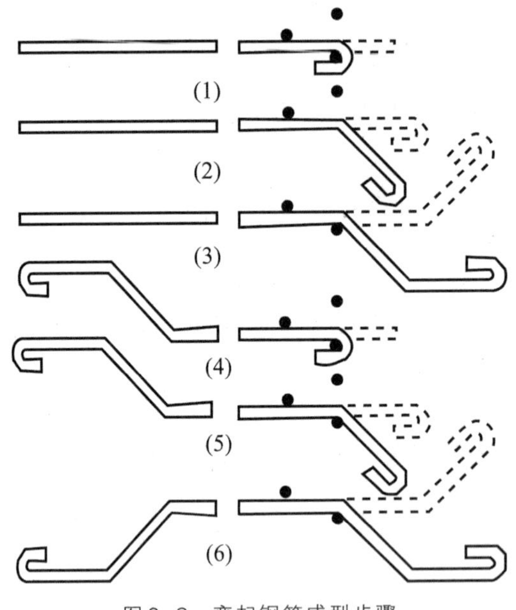

图2-8　弯起钢筋成型步骤

手工弯曲操作要点主要有4点。

(1)弯曲钢筋时，扳子一定要托平，不能上下摆动，以免弯出的钢筋产生翘曲。

(2)操作电动机注意放正弯曲点，搭好扳手，注意扳距，以保证弯制后的钢筋形状、尺寸准确。起弯时用力要慢，防止扳手脱落。结束时要平稳，掌握好弯曲位置，防止弯过头或弯不到位。

(3)不允许在高空或脚手板上弯制粗钢筋，避免因弯制钢筋脱板而造成坠落事故。

(4)在弯曲配筋密集的构件钢筋时,要严格控制钢筋各段尺寸及弯起角度,各种编号钢筋应试弯一下,安装好后再成批生产。

二、机械弯曲成型

常用的钢筋弯曲机可弯曲最大公称直径为40mm,用GW40表示型号,其他还有GW12、GW20、GW25、GW32、GW50、GW65等,型号的数字表示可弯曲钢筋的最大公称直径。最普通的GW40型钢筋弯曲机的外形,如图2-9所示。

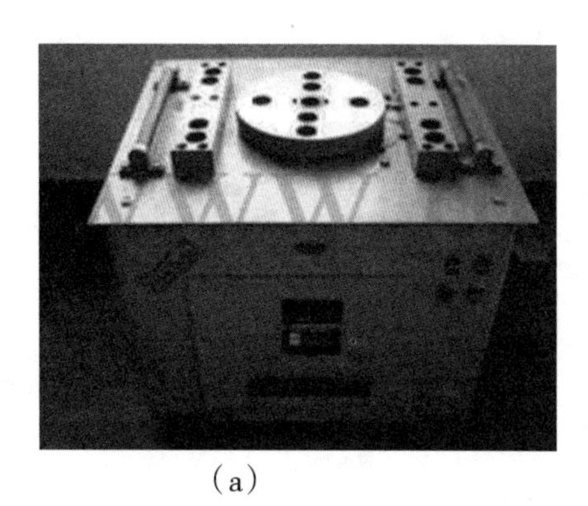

(a)

(b)

图2-9 GW40型钢筋弯曲机

使用钢筋弯曲机时,应先作试弯以摸索规律。钢筋在弯曲机上进行弯曲时,其形成的圆弧弯曲直径是借助于心轴直径实现的,因此要根据钢筋粗细和所要求的圆弧弯曲直径大小随时更换轴套。为了适应钢筋直径和心轴直径的变化,应在成型轴上加一个偏心套,以调节心轴、钢筋和成型轴三者之间的间隙。

钢筋加工的允许偏差及检验方法,见表2-3。

表2-3 钢筋加工的允许偏差及检验方法

项 目	允许偏差/mm	检验方法
受力钢筋顺长度方向全长的净尺寸	±10	钢尺检查
弯起钢筋的弯折位置	±20	钢尺检查
箍筋内净尺寸	±5	钢尺检查

第三步 钢筋绑扎

钢筋混凝土框架柱在框架结构中承受梁和板传来的荷载,并将荷载传给基础,是建筑中主要的竖向支撑结构。框架柱由两部分组成:钢筋骨架和混凝土。框架柱属于偏心受压构件,承受横向和竖向的荷载。由于钢筋具有良好的弯曲韧性,钢筋骨架承受框架柱所受到的横向荷载;混凝土具有良好的抗压性能,能承受框架柱所受到的竖向压力。

框架柱的钢筋骨架由纵向钢筋和横向箍筋绑扎固定形成,钢筋笼的制作对于柱的质量影响很大,制作出质量合格的钢筋笼是保证框架柱质量合格的第一步。

方形柱的钢筋笼制作工艺:

1. 根据配料单检查钢筋

①纵筋的规格与尺寸。

②箍筋的规格与尺寸。

2. 摆放纵筋

①注意纵筋位于箍筋的转角处。

②相邻纵筋高低位错开。

3. 套箍筋并给箍筋间距做标记

①按图纸要求做标记。

②相邻箍筋弯钩应该错开位置。

纵筋与箍筋的位置,如图2-10所示。

图2-10 纵筋与箍筋的位置

注:高位不必一定在左上角和右下角,只要错位即可,也就是图中高位与低位互换也是可以的。

4. 绑扎箍筋

①箍筋与纵筋应垂直,箍筋转角处与纵筋交点均要绑扎。

②箍筋弯钩叠合处应沿柱子纵筋交错布置,并绑扎牢固。

③扎丝端头不能剪断,并弯至柱中心。

④加密区与非加密区要区分开来。

5. 放置钢筋保护层垫片

①保护层厚度为20mm,选择合适的塑料垫片。

②保护层垫片放置在箍筋上,可用扎丝绑牢。

6. 验收柱钢筋骨架,填写质量验收单

异形柱的钢筋笼制作工艺:

1. 根据配料单检查钢筋

①纵筋的规格与尺寸。

②箍筋的规格与尺寸。

2. 摆放纵筋

①注意纵筋位于箍筋的转角处。

②相邻纵筋高低位错开。

3. 套箍筋并给箍筋间距做标记

①按图纸要求做标记。

②相邻箍筋弯钩应该错开位置。

箍筋间距标记,如图2-11所示。

KZ2柱中箍筋由两个矩形双肢箍叠加组成,绑扎时按照图2-12异形柱箍筋示意图组合箍筋。

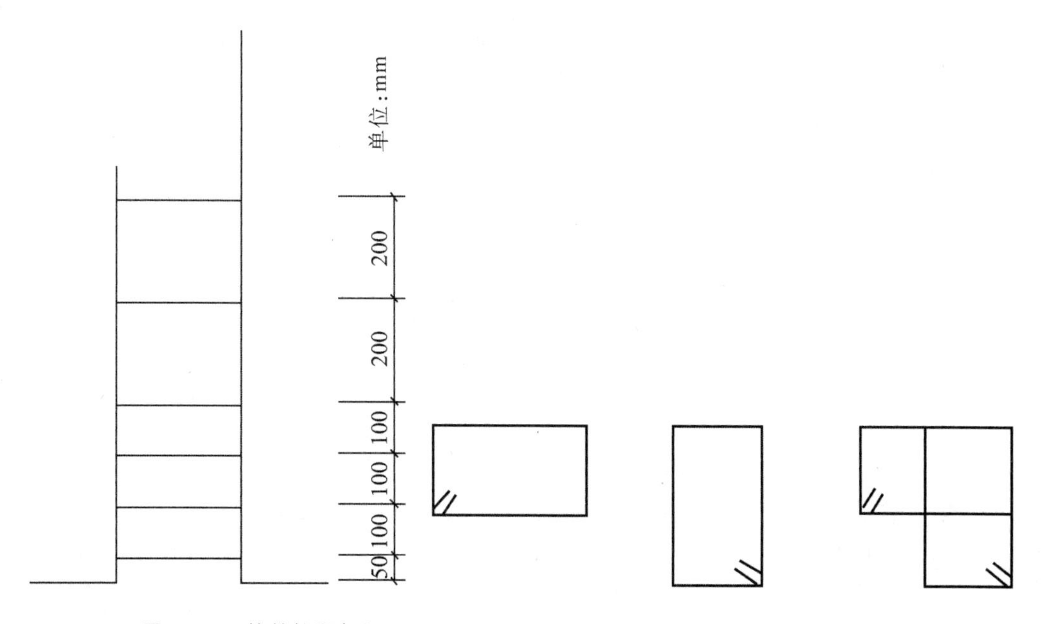

图2-11 箍筋间距标记

图2-12 异形柱复合箍筋示意图

理论链接　　框架柱复合箍筋

沿混凝土结构构件纵轴方向同一截面内按一定间距配置两种或两种以上形式共同组成的箍筋，称为复合箍筋。框架柱中复合箍筋(图 2-13)的命名为B边箍筋的数量×H边箍筋的数量。

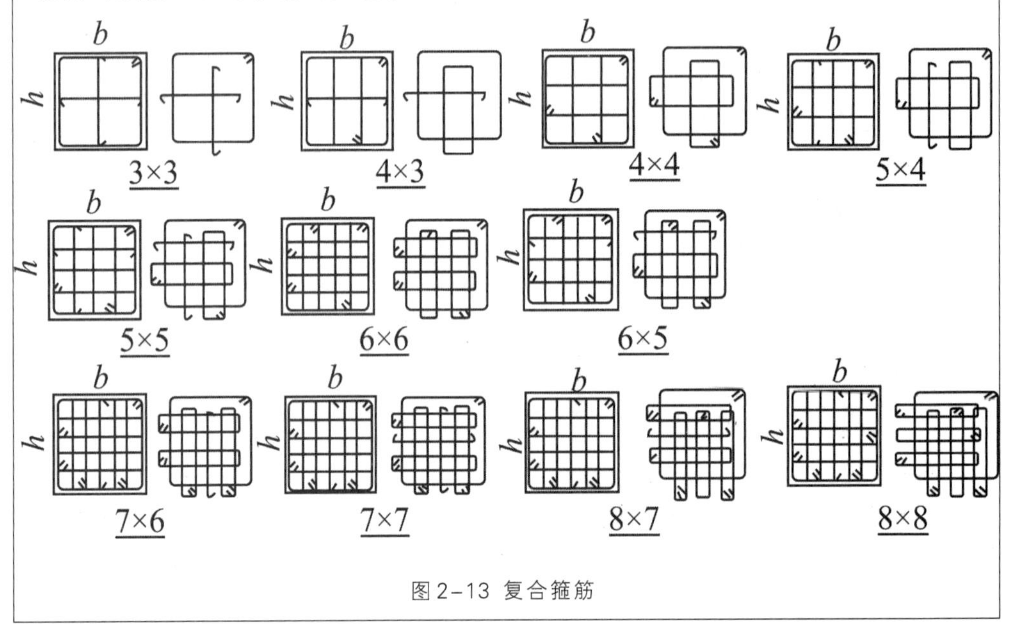

图 2-13 复合箍筋

4. 绑扎箍筋

①箍筋与纵筋应垂直，箍筋转角处与纵筋交点均要绑扎。

②箍筋弯钩叠合处应沿柱子纵筋交错布置，并绑扎牢固。

③扎丝端头不能剪断，并弯至柱中心。

④加密区与非加密区要区分开来。

5. 放置钢筋保护层垫片

①保护层厚度为20mm，选择合适的塑料垫片。

②保护层垫片放置在箍筋上，可用扎丝绑牢。

6. 验收柱钢筋骨架，填写质量验收单

异形柱钢筋笼的绑扎过程如下：

检查钢筋—摆放纵筋—箍筋间距标记—套箍筋—绑扎箍筋—钢筋笼完成放置保护层垫片—检查验收。

☞ **任务三:熟读钢筋笼绑扎的工艺,将图2-14的实操图片编上正确的序号。**

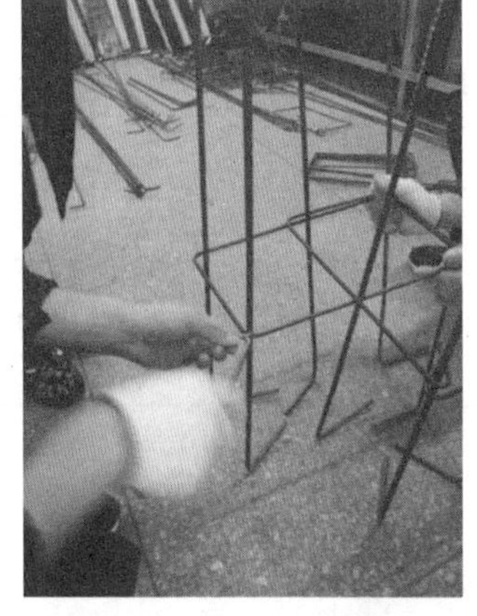
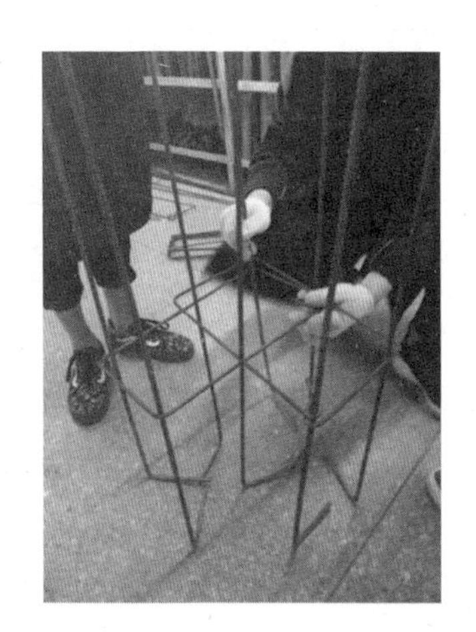
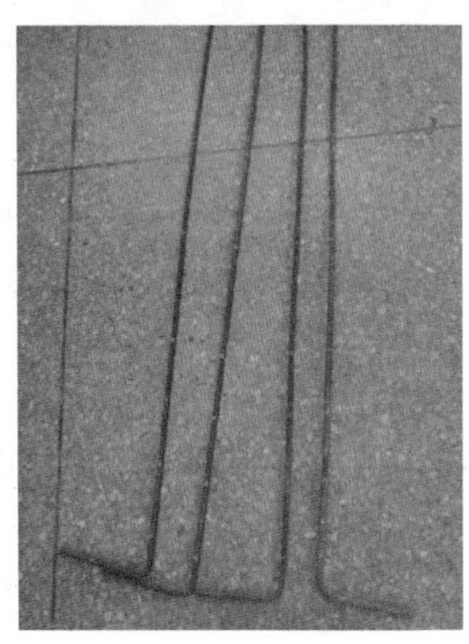

图2-14 实操图片

☞ **任务四:熟读钢筋笼绑扎的工艺,完成KZ1和KZ2的钢筋笼制作。**

钢筋绑扎任务开始于技术交底单的填写与组内讨论,结束于质量验收单的填写与讨论。组内成员经过对图纸的识读分析和钢筋下料的操作,对于钢筋骨架的组成已经掌握;通过对柱钢筋笼绑扎工艺和质量验收标准的学习,初步了解操作流程要点和技术要求,在互相讨论的基础上完成技术交底单的填写,加强对钢筋笼制作的施工工艺认识,有助于提高动手操作的熟练性。在该任务完成后填写质量验收单有助于学生发现自己操作过程的问题,思考解决的办法,并将验收标准熟练掌握。

钢筋安全允许偏差及检验方法,见表2-4。技术交底记录,见表2-5。质量验收单,见表2-6。

表 2-4　钢筋安装允许偏差及检验方法

项　目			允许偏差/mm	检验方法	备注
绑扎钢筋网	长、宽		±10	钢尺检查	
	网眼尺寸		±20	钢尺量连续三档,取最大值	
绑扎钢筋骨架	长		±10	钢尺检查	
	宽、高		±5	钢尺检查	
受力钢筋	间距		±10	钢尺量两端、中间各一点,取最大值	
	排距		±5		
	保护层厚度	基础	±10	钢尺检查	
		柱、梁	±5	钢尺检查	
		板、墙、壳	±3	钢尺检查	
绑扎箍筋、横向钢筋间距			±20	钢尺量连续三档,取最大值	
钢筋弯起点位置			20	钢尺检查	
预埋件	中心线位置		5	钢尺检查	
	水平高差		±3,0	钢尺和塞尺检查	

表 2-5　技术交底记录

工程名称　　　　　　　　　　　　施工单位

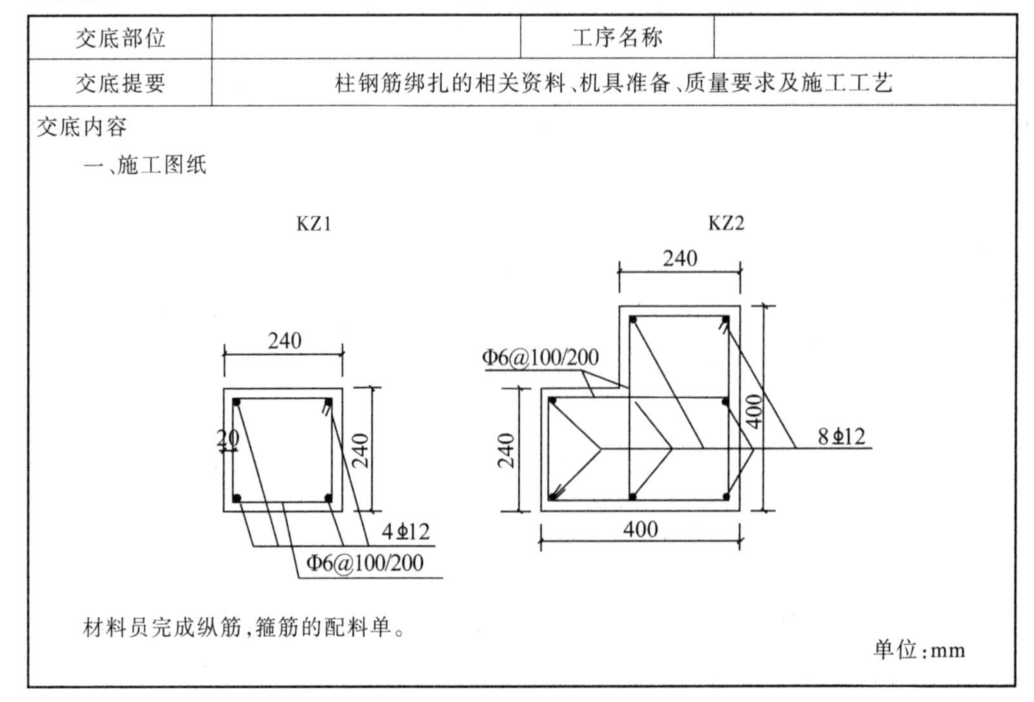

交底部位		工序名称	
交底提要	柱钢筋绑扎的相关资料、机具准备、质量要求及施工工艺		

交底内容

一、施工图纸

材料员完成纵筋,箍筋的配料单。

单位:mm

续表

交底部位		工序名称	

纵筋：

箍筋：

二、材质要求

1. 钢筋有无锈蚀，弯曲
2. 纵筋、箍筋规格、形状、尺寸和数量是否有差错
3. 扎丝为未生锈的镀锌铁丝
4. 混凝土保护层垫块为半径20mm的塑料垫块

施工前材料员检查材料是否满足要求，并做记录

三、工器具

钢筋钩子、卷尺、断丝钳、粉笔、老虎钳等

四、操作工艺(学生完成)

专业技术负责人： 交底人： 接受人：

表 2-6 质量验收单

柱钢筋工程验收记录表							
验收内容	允许偏差/mm	得分	检验方法	自评	互评	师评	备注
钢筋网长	±10	10	钢尺				
钢筋网宽	±10	10	钢尺				
钢筋网高	±10	10	钢尺				
纵筋位置		10	查看				
箍筋弯钩		10	查看				
箍筋间距	±10	10	钢尺,连续三档				
扎丝牢固		10	查看				
保护层	±5	10	钢尺				
工完场清		10	查看				
综合印象		10	观察				
合计		100					

第四步 模板安装

混凝土具有流动性,浇筑后需要在模具内养护成型。框架柱的钢筋骨架完成后需要按照图纸要求在钢筋骨架外侧安装模板,保证混凝土在浇筑的过程中保持正确的形状和尺寸,作为硬化过程中进行防护和养护的工具。

柱模板包括三部分:模板(侧模)、支架和紧固件(柱箍)。柱立面和剖面图,如图2-15所示。柱模板组成,如图2-16所示。

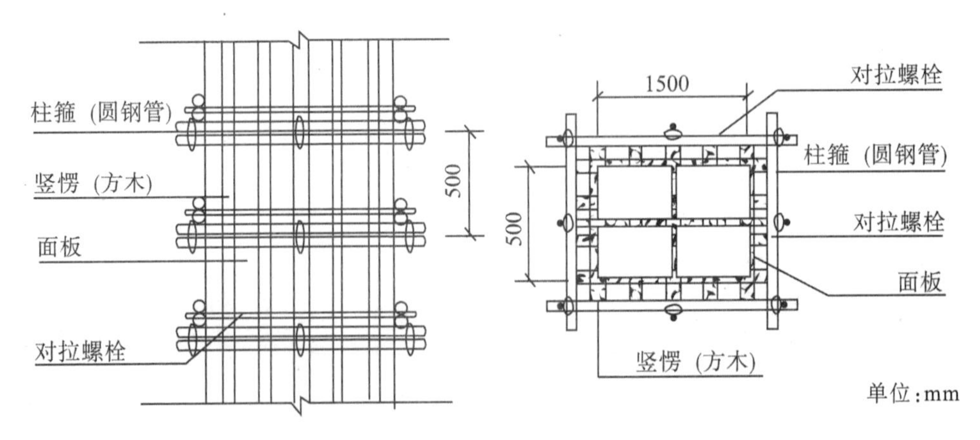

图 2-15 柱立面图和柱剖面图

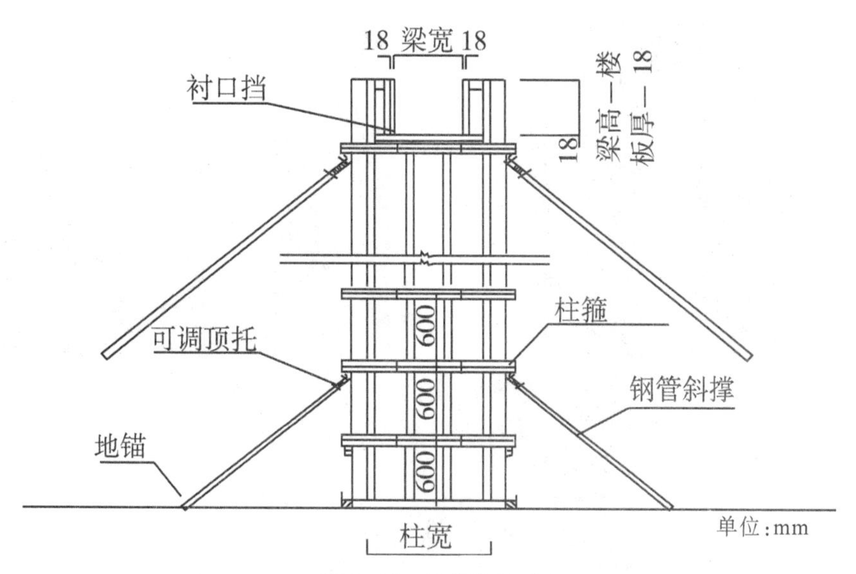

图2-16 柱模板组成

模板的种类繁多,可以使用木模板、竹模板、胶合板模板和钢模板。本次实训中使用了胶合板模板,并且已经配模成型。

支架即支撑,有木质斜撑、钢制斜撑、斜拉钢索。

紧固件主要是对侧模进行加固,保证四侧模板固定,保证柱的形状和尺寸,还要承受侧板传来的新浇混凝土的侧压力。柱的紧固方式有:木方＋步步紧、钢管＋对拉螺栓、钢管＋扣件、型钢＋对拉螺栓、方形卡箍。

☞ **任务五:课堂小练习,看看图2-17分别采用哪种紧固方式?**

图 2–17　紧固方式

柱模板安装的施工工艺：

检查模板—定位弹线—模板就位—模板固定—检查验收。

方形柱模板安装流程：

方形柱模板由四块侧面板和柱箍组成。四块侧面板可以分为两块内板和两块外板，内板的宽度为柱的截面宽度，外板的宽度为柱的截面尺寸加上两倍的模板厚度。

KZ1的四块侧面模板如图 2–18 所示。

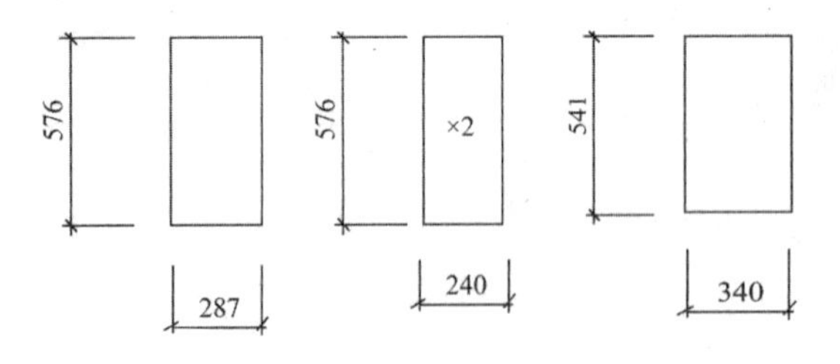

单位:mm

图 2–18　KZ1 侧模

实训中方形柱 KZ1 内板外板配料已经完成，实训中需要装配，流程如下。

1. 检查模板。用钢卷尺检查各块模板尺寸，目测有无损坏。清理干净模板两面杂物。

2. 在实训场地上根据图纸用墨线弹出 KZ1 的轴线以及边线。

3. 将四块模板按照拼装图摆放就位，模板内侧边与边线重合。

4. 用圆钉将模板临时固定,检查垂直度和尺寸后钉牢固。检查方木加固模板。

5. 安装步步紧。高出地面300mm位置用步步紧对模板进行加固,构成方木+步步紧式柱箍。

6. 检查验收。按照模板验收要求对柱模板进行验收,完成验收记录表。

异形柱模板由六块侧面板和柱箍组成。异形柱KZ2的模板配料也已经完成,如图2-19所示。.

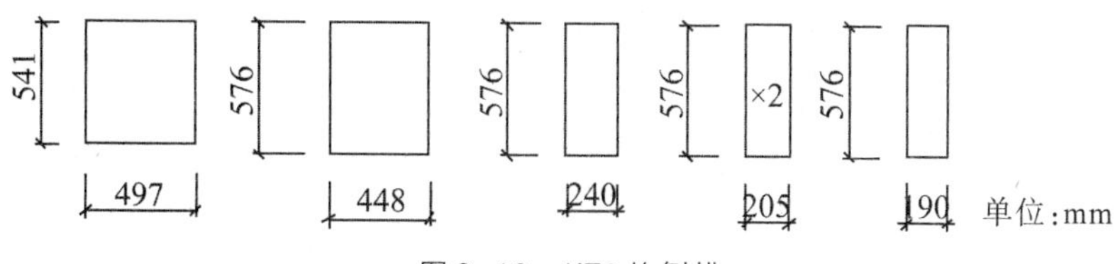

图2-19 KZ2的侧模

异形柱模板安装流程:

1. 检查模板。用钢卷尺检查六块模板尺寸,目测有无损坏。清理干净模板两面的杂物。

2. 在实训场地上根据图纸用墨线弹出KZ1、KZ2的轴线以及边线。

3. 将六块模板按照拼装图摆放就位,模板内侧边与边线重合。

4. 用圆钉将模板临时固定,检查垂直度和尺寸后钉牢固。检查方木加固模板。

5. 安装步步紧。高出地面300mm位置用钢管+扣件对模板进行加固。

6. 检查验收。按照模板验收要求对柱模板进行验收,完成验收记录表。

附:模板加工制作允许偏差(表2-7)与模板安装允许偏差和检验方法(表2-8)。

☞ **任务六:熟读模板安装的工艺,组内讨论填写技术交底表(表2-9)和质量验收记录(表2-10),并完成KZ1和KZ2的模板安装。**

表2-7 模板加工制作允许偏差

项次	项目名称	允许偏差/mm	检查方法
1	板面平整	2	用2m靠尺、塞尺检查
2	模板高度	+3 −5	用钢尺检查
3	模板宽度	+0 −1	用钢尺检查
4	对角线长	±4	对角拉线用直尺检查
5	模板边平直	2	拉线用直尺检查
6	模板翘曲	L / 1000	放在平台上,对角拉线用直尺检查
7	孔眼位置	±2	用钢尺检查

表2-8 模板安装允许偏差和检查方法

<table>
<tr><th>项 次</th><th colspan="2">项 目</th><th>允许偏差/mm</th><th>检查方法</th></tr>
<tr><td rowspan="2">1</td><td rowspan="2">轴线位移</td><td>基础</td><td>5</td><td rowspan="2">尺量</td></tr>
<tr><td>柱、墙、梁</td><td>3</td></tr>
<tr><td>2</td><td colspan="2">标高</td><td>±3</td><td>水准仪或拉线尺量</td></tr>
<tr><td rowspan="2">3</td><td rowspan="2">截面尺寸</td><td>基础</td><td>±5</td><td rowspan="2">尺量</td></tr>
<tr><td>柱、墙、梁</td><td>±2</td></tr>
<tr><td>4</td><td colspan="2">每层垂直度</td><td>3</td><td>2m托线板</td></tr>
<tr><td>5</td><td colspan="2">相邻两板表面高低差</td><td>2</td><td>直尺、尺量</td></tr>
<tr><td>6</td><td colspan="2">表面平整度</td><td>2</td><td>2m靠尺、楔形塞尺</td></tr>
<tr><td rowspan="2">7</td><td rowspan="2">阴阳角</td><td>方正</td><td>2</td><td>方尺、楔形塞尺</td></tr>
<tr><td>顺直</td><td>2</td><td>5m线尺</td></tr>
<tr><td rowspan="3">8</td><td rowspan="3">预埋铁件、预埋管、螺栓</td><td>中心线位移</td><td>2</td><td rowspan="3">拉线、尺量</td></tr>
<tr><td>螺栓中心线位移</td><td>2</td></tr>
<tr><td>螺栓外露长度</td><td>+10,−0</td></tr>
<tr><td rowspan="2">9</td><td rowspan="2">预留孔洞</td><td>中心线位移</td><td>5</td><td rowspan="2">拉线、尺量</td></tr>
<tr><td>内孔洞尺寸</td><td>+5,−0</td></tr>
<tr><td rowspan="3">10</td><td rowspan="3">门窗洞口</td><td>中心线位移</td><td>3</td><td rowspan="3">拉线、尺量</td></tr>
<tr><td>宽、高</td><td>±5</td></tr>
<tr><td>对角线</td><td>6</td></tr>
</table>

表2-9 技术交底记录

<table>
<tr><td>单 位</td><td colspan="3"></td></tr>
<tr><td>工程名称</td><td></td><td>分部工程</td><td></td></tr>
<tr><td>交底部位</td><td></td><td>日 期</td><td>年 月 日</td></tr>
<tr><td>交
底
内
容</td><td colspan="3">一、KZ1、KZ2模板拼装图</td></tr>
</table>

续表

<table>
<tr><td rowspan="1">交
底
内
容</td><td>二、模板安装操作工艺
柱模板安装流程：
1. 检查模板。用钢卷尺检查四块模板尺寸，目测有无损坏。清理干净模板两面的杂物
2. 在实训场地上根据图纸用墨线弹出KZ1，KZ2的轴线以及边线
3. 将模板按照拼装图摆放就位，模板内侧边与边线重合
4. 用圆钉将模板临时固定，检查垂直度和尺寸后钉牢固。检查方木加固模板
5. 安装柱箍。高出地面300mm位置用步步紧对模板进行加固，构成方木+步步紧式柱箍
6. 检查验收。按照模板验收要求对柱模板进行验收，完成验收记录表

三、质量检查验收要点(学生完成)

四、应注意的安全问题
1. 进入施工现场必须戴好安全帽
2. 不得踩踏钢筋笼和模板
3. 模板支撑不得使用腐朽、扭裂、劈裂的材料，顶撑要垂直，底端平整坚实，并加垫木，木楔要钉牢并用拉杆拉牢
4. 模板未支牢固不准离开，如离开得有专人看护
5. 拆除模板应经施工技术人员同意，操作时应按顺序分段进行，严禁猛撬、硬砸或大面积撬落和拉倒，完工前，不得留下松动和悬挂的模板，拆下的模板应及时运送到指定地点集中堆放</td></tr>
</table>

专业技术负责人：　　　　交底人：　　　　接受人：

表2-10 质量验收记录

柱模板工程验收记录表							
验收内容	允许偏差/mm	得分	检验方法	自评	互评	师评	备注
轴线偏移	±3	10	钢尺				
截面尺寸长	±2	10	钢尺				

续表

柱模板工程验收记录表							
验收内容	允许偏差/mm	得分	检验方法	自评	互评	师评	备注
截面尺寸宽	±2	10	钢尺				
垂直度	3	10	钢尺				
阴阳角	2	10	查看				
表面平整	2	10	查看				
牢固		15	查看				
安全性		15	查看				圆钉不可外露
工完场清		5	查看				
综合印象		5	观察				
合计		100					

四、项目实施

劳动组织形式

本项目实施中，对学生进行分组，学生4人成一个工作小组。各小组施工前制定出技术交底记录，组长作为技术指导负责人，协助教师参与指导本组学生学习，检查项目实施进程和质量，制定改进措施，共同完成项目任务。任务分配表，见表2-11。

表2-11　任务分配表

序号	各组成员组成	成员工作职责	实施人	备注
1	任务准备	1. 图纸 2. 建筑施工技术(教材) 3. 钢筋混凝土工程质量验收规范 4. 工具	全组成员	
2	过程实施	1. 钢筋下料 2. 钢筋加工 3. 钢筋绑扎 4. 安装模板 5. 验收检查	全组成员	
3	交流改进	1. 进度检查 2. 质量检查 3. 改进措施	组长	
4	评价总结	各小组自评、互评	全组成员	

所需设备与器件

完整施工图一套、各类信息表、绘图工具等。

项目评价

按时间、质量、安全、文明、环保要求进行考核。首先学生按照项目考核评分表(表2-12),先自评,在自评的基础上,由本组的同学互评,最后由教师进行总结评分。

表2-12 项目考核评价表

姓名: 总分:

序号	考核项目	考核内容及要求	评分标准	配分	学生自评	学生互评	教师考评	得分
1	时间要求	240分钟	不按时无分	30				
2	质量要求	钢筋下料	与下料单不符,每错一个扣1分	10				
		钢筋加工	按验收要求,每错一个扣1分	15				
		钢筋绑扎	按验收要求,每错一个扣1分	15				
		模板安装	按验收要求,每错一个扣1分	15				
3	安全要求	遵守安全操作规程	不遵守酌情扣1—5分	5				
4	文明要求	遵守文明生产规则	不遵守酌情扣1—5分	5				
5	环保要求	遵守环保生产规则	不遵守酌情扣1—5分	5				

注:如出现重大安全、文明、环保事故,及损坏设备,本项目考核记为0分。

五、项目实施过程中可能出现的问题及对策

问题

在柱钢筋模板的实训过程中,有三个问题容易出现:一是纵筋位置的错误。相邻纵筋高低错位实训时易出错。二是异形柱的复合箍筋绑扎容易出错。三是模板安装时内外面会弄反。

解决措施

结合图纸和实物参照进行讲解示范,掌握原因,再操作就可以不再出错。

❖ 课后练习 ❖

一、完成工作日志

工作日志

时　间	年　月　日	天气情况		记录人	
日　志　内　容					
工作内容	备忘事项:				
	今日工作:				
发现问题的整改及落实情况	今日发现的问题:				

续表

<table>
<tr><td>时　间</td><td>年　月　日</td><td>天气情况</td><td></td><td>记录人</td><td></td></tr>
<tr><td rowspan="2">发现问题的整改及落实情况</td><td colspan="5">今日存在的安全隐患：</td></tr>
<tr><td colspan="5">整改及落实情况：</td></tr>
<tr><td>备注</td><td colspan="5"></td></tr>
</table>

二、选择题

1. 框架柱钢筋笼绑扎时，相邻位置纵筋应该错位的高度为(　　)。
   A. 15d　　B. 12d　　C. 35d　　D. 10d
2. 拼钉木模板面板时，相邻两板面高差允许值为(　　)mm。
   A. 1　　B. 3　　C. 5　　D. 8
3. 框架柱中纵筋箍筋绑扎宜采用(　　)绑扎。
   A. 顺扣法　　B. 缠扣法　　C. 反十字花扣法　　D. 十字花扣法
4. 拆除大模板时，其拆除顺序应与安装顺序(　　)。
   A 相反　　B. 相同　　C. 任意拆除　　D 没有关联
5. 支撑模中的斜撑，其支撑角度最好为(　　)。
   A. 30°　　B. 45°　　C. 60°　　D. 75°
6. 模板工程的允许偏差值与混凝土工程的允许偏差值相比较，它们的值是(　　)。
   A 相同　　B. 不同
   C. 模板的允许偏差值大　　D. 混凝土工程的允许偏差值大
7. 框架柱纵筋在顶层弯曲的长度是(　　)。
   A. 15d　　B. 12d　　C. 35d　　D. 10d
8. 框架柱钢筋绑扎时箍筋要求(　　)。
   A. 没有要求　　B. 相邻箍筋弯钩错位
   C. 相邻箍筋位置相同　　D. 箍筋弯钩位置相反

9. 柱纵筋在基础中的箍筋设置要求有(　　)。
   A. 不少于2道箍筋　　　　B. 按图纸箍筋间距设置
   C. 不设箍筋　　　　　　D. 加密设置箍筋

10. Ø8@100(2)的含义是(　　)。
   A. 柱箍筋是直径为8mm的HPB300钢筋,箍筋间距为100mm,双肢箍
   B. 柱纵筋是直径为8mm的HPB300钢筋
   C. 柱箍筋是直径为8mm的HPB300钢筋,箍筋间距为100mm,设置2道箍筋
   D. 柱箍筋是直径为8mm的HPB300钢筋,加密间距为100mm,非加密间距为200mm

三、判断题

1. 框架柱钢筋笼绑扎时,纵筋位置可以任意放置。(　　)
2. 柱模板安装前,需要清理模板表面,检查是否有变形。(　　)
3. 框架柱纵向钢筋在基础里插筋部分底端需要弯折,弯折的长度与基础的高度有关。(　　)
4. 模板与混凝土的接触面应涂隔离剂,妨碍装饰工程的隔离剂不宜采用。(　　)
5. 框架柱的模板加固可以通过对拉螺栓+钢管来实现。(　　)
6. 柱模板在拼装时,应预留清扫口或灌浆口。(　　)
7. 框架柱的钢筋由柱纵筋和柱箍筋组成。(　　)
8. 木模板方便灵活,易于加工,成本低,周转周期长,次数多。(　　)
9. 框架柱钢筋绑扎时,要求角筋与箍筋的交点隔一绑一。(　　)
10. 框架柱中纵筋布置(数量和规格)相对面一般采取对称布置。(　　)

四、拓展题

通过网络查询、请教身边的建筑同行或者查阅书籍,了解目前工地上的模板工程施工技术的发展情况,完成1000字左右的论文。

项目三 框架梁钢筋笼制作与模板安装实训

ITEM 3

一、项目要求

知识目标 熟悉结构施工图和框架梁的钢筋下料，并做好钢筋绑扎和木模板安装的施工前准备。掌握框架梁钢筋骨架绑扎的工艺要求、施工规范标准和验收要点。掌握木模板安装的工艺要求、施工规范标准、验收要点、拆模要领以及顺序。

技能目标 掌握框架梁钢筋骨架绑扎和模板安装的施工方法、施工技术。

素质目标 培养学生良好的职业素养，使学生养成工作认真负责的态度，具有团队意识、交流能力和妥善处理人际关系的能力，具有良好的职业道德和爱岗敬业精神，树立良好的职业道德意识。

时间要求 10课时。

质量要求 符合《混凝土结构工程施工质量验收规范》(GB 50204—2002)。

安全要求 遵守施工现场的安全规定。

文明要求 自觉按照文明生产规则进行项目作业。

环保要求 按照环境保护原则进行项目作业。

二、项目背景与分析

背景介绍

实训项目为某钢筋混凝土工程模型，抗震等级为四级，混凝土为C25，梁柱的混凝土保护层厚度为20mm，板的混凝土保护层厚度为15mm。该模型包含两根框架柱，三根框架梁、两块现浇板、一面剪力墙和一跑楼梯。

项目分析

由施工图(图3-1)可以看出实训模型中三根梁。其中KL2截面尺寸为240㎜×

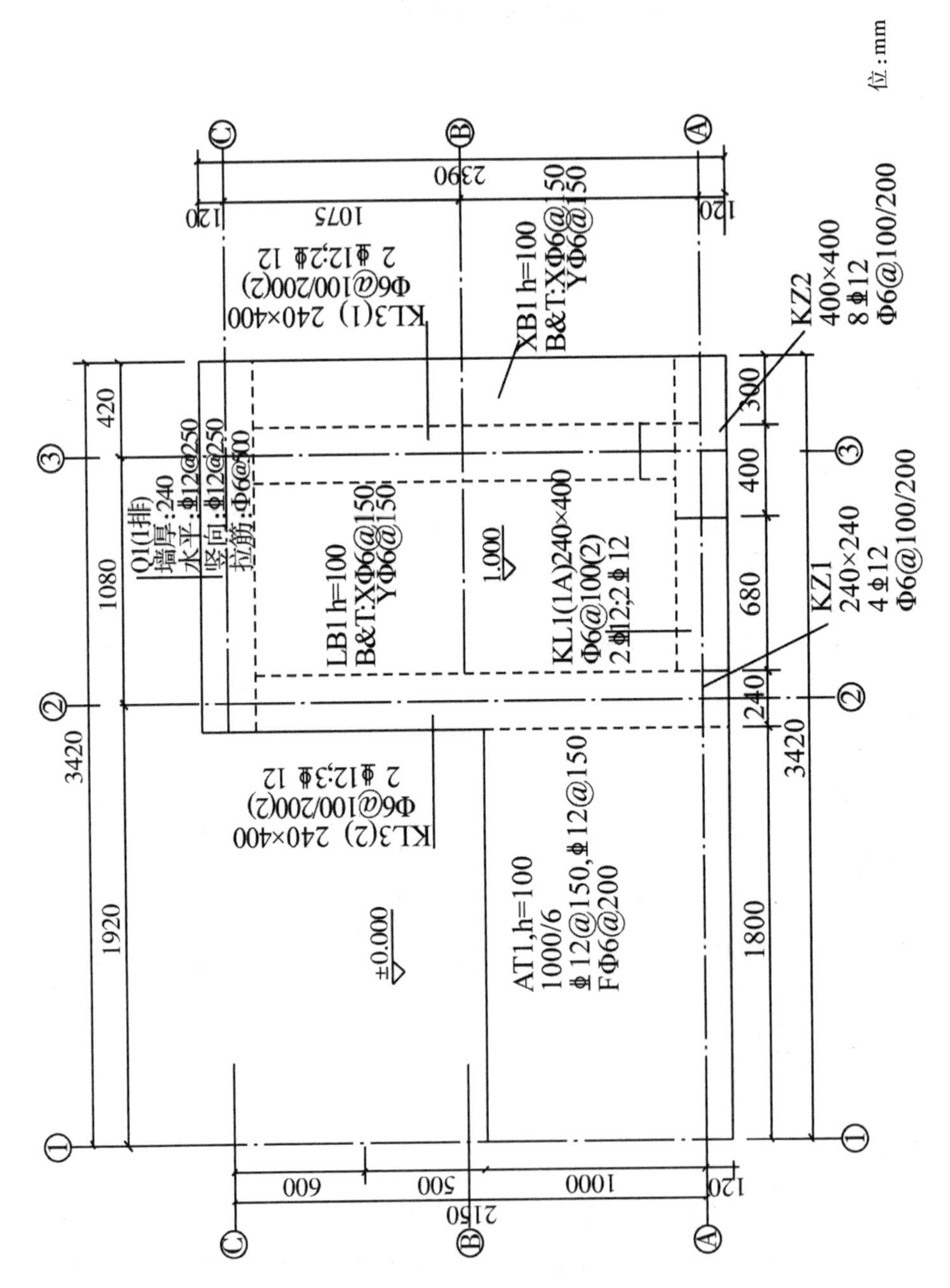

图 3-1　实训工程结构施工图

400mm，钢筋配置为上部通长筋2ф12，下部通长筋3ф12，箍筋为ф6@100/200(2)；KL3截面尺寸为240mm×400mm，钢筋配置为上部通长筋2ф12，下部通长筋2ф12，箍筋为ф6@100/200(2)；KL1一跨一端悬挑，截面尺寸为240mm×400mm，钢筋配置为上部通长筋2ф12，下部通长筋2ф12，箍筋为ф6@100(2)，全程加密，间距为100mm。

理论链接　梁的平面表示方法

梁的平面表示方法：包括平面注写方式和截面注写方式。

一、梁的平面注写方式(图3-2)

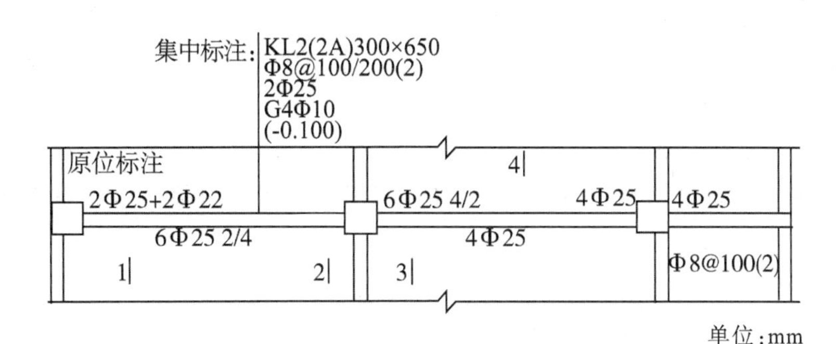

图3-2　梁的平面注写方式示意图

(一)集中标注

1. 编号(表3-1)

表3-1　梁编号

梁类型	代号	序号	跨数及是否带有悬挑
楼层框架梁	KL	××	(××).(××A)或(××B)
屋面框架梁	WKL	××	(××).(××A)或(××B)
框支梁	KZL	××	(××).(××A)或(××B)
非框架梁	L	××	(××).(××A)或(××B)
悬挑梁	XL	××	
井字梁	JZL	××	(××).(××A)或(××B)

2. 截面尺寸

等截面梁时，以b×h表示基础梁截面宽度与高度；当为竖向加腋梁时，用b×

h　GYc1×c2表示，其中c1为腋长，c2为腋高；当为水平加腋梁时，用b×h PYc1×c2表示，其中c1为腋长，c2为腋高；当有悬挑梁且根部和端部的高度不同时，用斜线分隔根部和端部的高度值，即为b×h1/h2。

3. 箍筋表示

梁箍筋，包括钢筋级别、直径、加密区与非加密区间距及肢数，该项为必注值。箍筋加密区与非加密区的不同间距及肢数需用斜线“/”分隔；当梁箍筋为同一种间距及肢数时，则不需用斜线；当加密区与非加密区的箍筋肢数相同时，则将肢数注写一次；箍筋肢数应写在括号内。加密区范围见相应抗震级别的标准构造详图。

当抗震结构中的非框架梁、悬挑梁、井字梁，以及非抗震结构中的各类梁采用不同的箍筋间距及肢数时，也用斜线“/”将其分隔开来。注写时，先注写梁支座端部的箍筋(包括箍筋的箍数、钢筋级别、直径、间距与肢数)，在斜线后注写梁跨中部分的箍筋间距及肢数。

4. 梁上下通长筋和架立筋表示

(1)如果只有上部通长筋，没有下部通长筋，则在集中标注只表示上部通长筋。如图3-3所示。

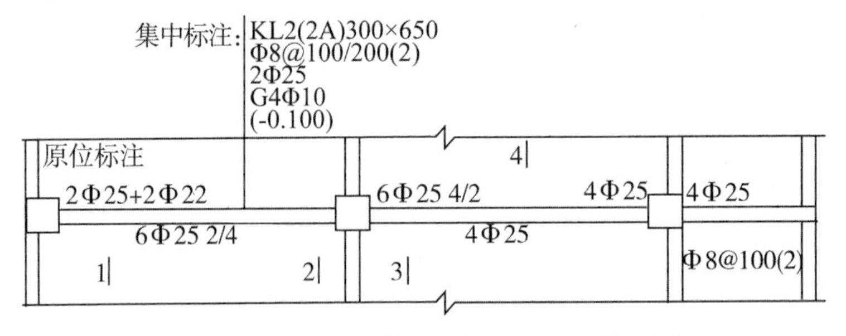

图3-3　梁上部通长筋集中标注方法

(2)如果同时有上部通长筋和下部通长筋，用分号“;”隔开。如：2Φ22;3Φ25。

(3)架立筋需要用括号将其括起来。如：2Φ22+(4Φ12)。

5. 梁侧面纵筋表示

(1)构造腰筋：当梁腹高(梁高一板厚)≥450mm时，需配置纵向构造钢筋，此项注写值以大写字母G打头。其根数表示梁两侧的总根数，且对称配置。如：G4Φ12。

(2)抗扭腰筋：当两侧需配置受扭纵向钢筋时，此项注写值以大写字母N打头。如：N4Φ22。

6. 梁顶面标高高差表示

梁顶面标高高差，系指相对于结构层楼面标高的高差值，有相对高差时，要将其写入括号内，无高差时不注。

当某梁的顶面高于所在结构层的楼面标高时，其标高高差为正值；反之为负值。

如：某结构层的楼面标高为44.950m，当某梁的梁顶面标高高差注写值为(-0.05)时，即表明该梁顶面标高相对于44.950m低0.05m。

（二）原位标注

1. 梁支座上部纵筋表示

（1）当上部纵筋为一排时，如图3-4所示。

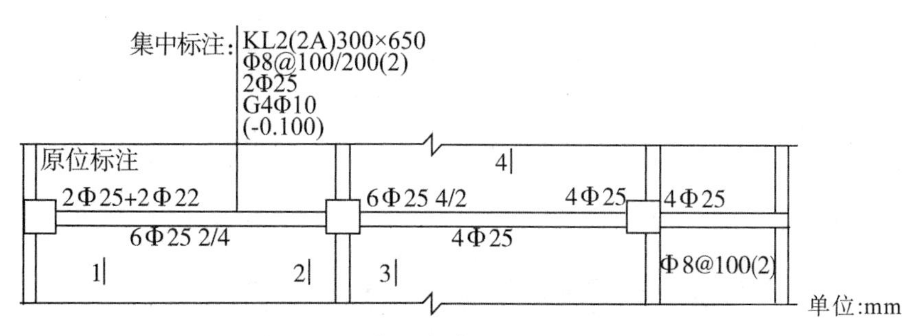

图3-4　上部纵筋为一排的原位标注图

（2）当上部纵筋多于一排时，用斜线“／”将各排纵筋自上而下分开，如图3-5所示。

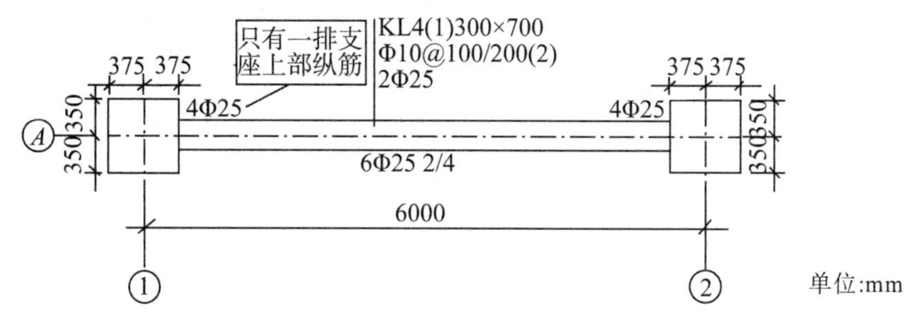

图3-5　上部纵筋多于一排的原位标注图

（3）当同排纵筋有两种直径时，用加号“＋”将两种直径的纵筋相联，注写时将角筋写在前面。

例8：2Φ25 ＋2Φ22表示什么意思？

梁支座上部有四根纵筋，2Φ25放在角部，2Φ22放在中部。

（4）当梁中间支座两边的上部纵筋不同时，要在支座两边分别标注，如图3-6所示。

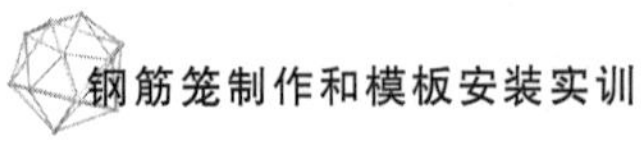

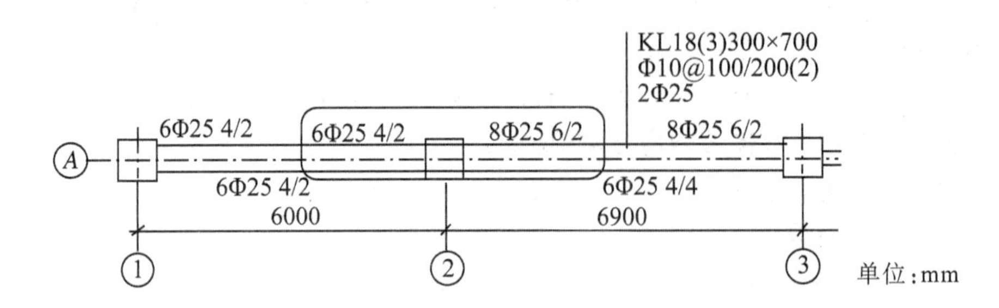

图 3-6　梁中间支座两侧上部钢筋不同时的原位标准图

(5)当梁中间支座两边的上部纵筋相同时,可仅在支座的一边标注配筋值,另一边省去不注,如图 3-7 所示。

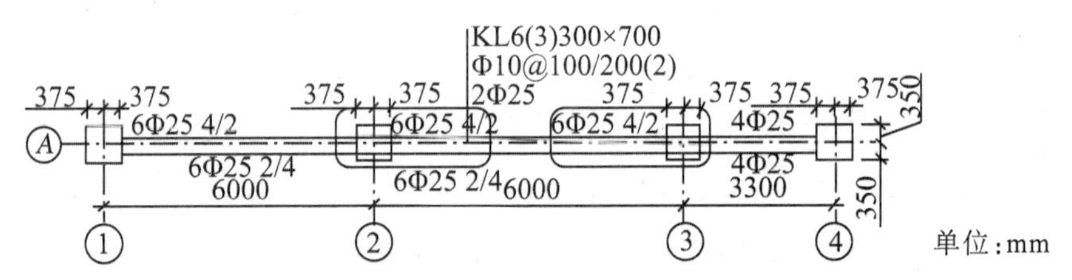

图 3-7　梁中间支座两侧上部钢筋相同时的原位标准图

2. 梁下部纵筋表示

(1)当梁下部纵筋为一排时,如图 3-8 所示。

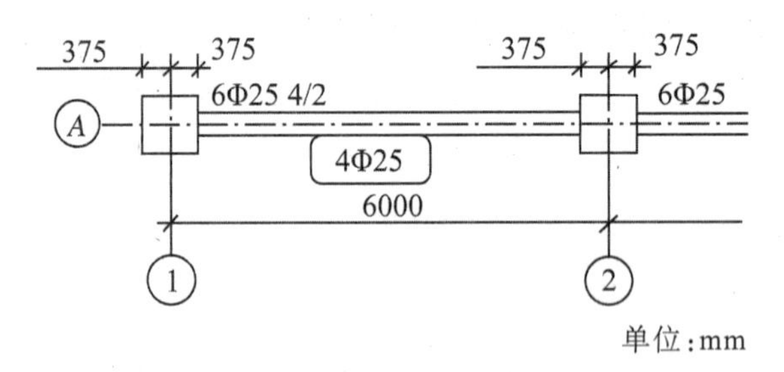

图 3-8　梁下部钢筋为一排时的原位标注图

(2)当下部纵筋多于一排时,用斜线"／"将各排纵筋自上而下分开。

(3)当同排纵筋有两种直径时,用加号"＋"将两种直径的纵筋相联,注写是角筋写在前面。

(4)当梁下部纵筋不全伸入支座时候,将梁支座下部纵筋减少的数量写在括号内。

三、项目实施的步骤

第一步 实训准备

人员准备

实训时分组进行，每组4人，分工如表3-2。

表3-2 分工表

序 号	工 种	人 数	管理任务
1	施工员	1	施工员岗位管理任务
2	安全质检员	1	安全质检员岗位管理任务
3	材料员	1	材料员岗位管理任务
4	资料员（监理员）	1	资料员（监理员）岗位管理任务

资料准备

实训指导书、梁钢筋绑扎技术交底记录、梁模板安装技术交底记录、《建筑施工技术》《钢筋混凝土工程验收标准》。

工具准备

①钢筋、②扎丝、③木模板、④方料、⑤铁钉、⑥钢筋钩子、⑦锤子、⑧安全帽、⑨手套、⑩断丝钳、⑪卷尺等。

第二步 钢筋下料

梁上部贯通筋下料长度公式为：

L＝通跨净长＋首尾端锚固长度－（2个90°量度差值）

式中：通跨净长计算方法示意如图3-9所示。

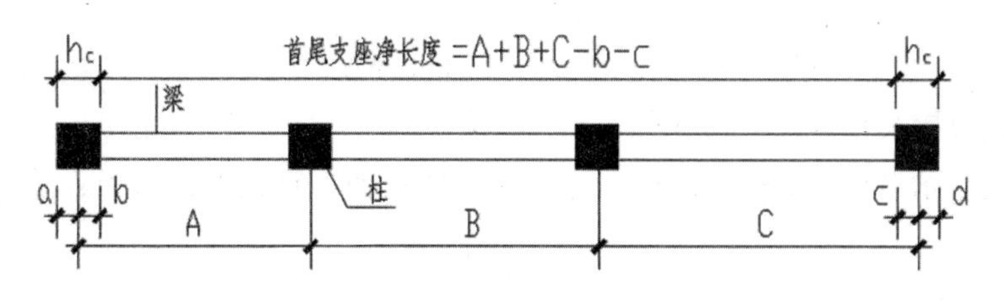

图3-9 通跨净长计算示意图

首尾端锚固长度计算前需判断采用直锚或弯锚。

(1)(柱宽-保护层)≥0.5hc+5d≥LaE(La),采用直锚,如图3-10所示。

首尾端锚固长度=max[LaE(la),0.5hc+5d]

说明:hc为支座宽度,c为梁保护层厚度,d为钢筋直径。

(2)当(柱宽-保护层)<LaE(la)时,采用弯锚,如图3-11所示。

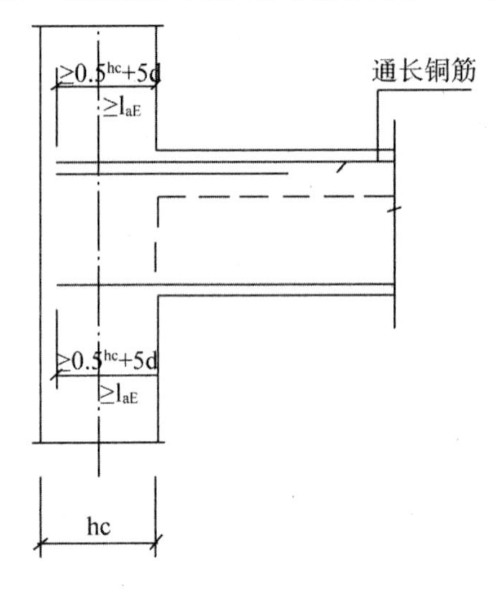

图3-10　直锚示意图

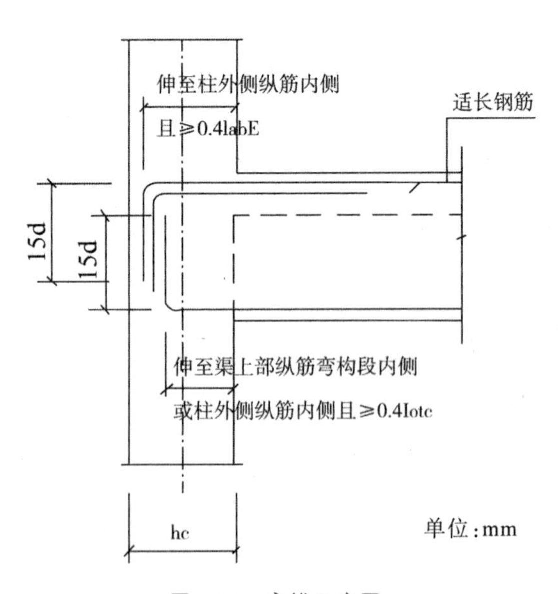

图3-11　弯锚示意图

首尾端锚固长度=h_c−c+15d

支座钢筋示意图,如图3-12所示。梁端支座负筋下料长度公式为:

(1)端支座:

第一排L=l_n/3+锚固长度(锚固长度计算同上部贯通筋)-(1个90°量度差值)

第二排L=l_n/4+锚固长度(锚固长度计算同上部贯通筋)-(1个90°量度差值)-第二排缩减长度

(2)中间支座:第一排L=2×l_n/3+支座长度(l_n为相邻两跨较大值)

第二排L=2×l_n/4+支座长度(l_n为相邻两跨较大值)

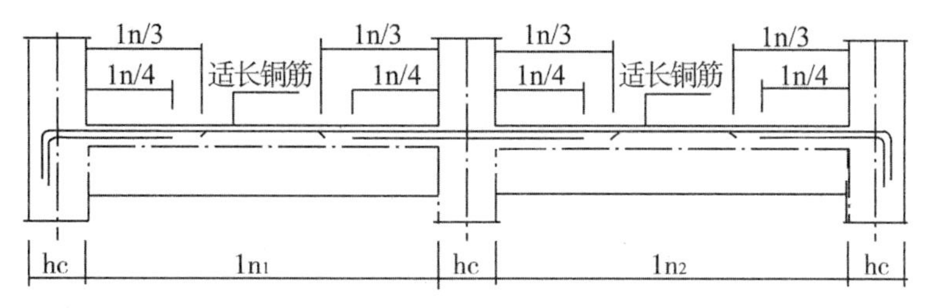

图3-12 支座钢筋示意图

梁下部贯通筋下料长度公式为:

L=通跨净长+首尾端锚固长度-(2个90°量度差值)

计算方法同框架梁上部贯通筋计算方法。

梁侧面钢筋下料长度公式为:

梁侧面总长度L=通跨钢筋净长+锚固长度-(2个90°量度差值)

当为构造钢筋时,锚固长度为15d;

当为抗扭钢筋时,锚固长度计算同框架梁上部贯通筋计算方法。

吊筋示意图,如图3-13所示。梁吊筋下料长度公式为:

吊筋长度l=2×20d+2×斜段长度+次梁宽度+2×50-(4个45°量度差值)

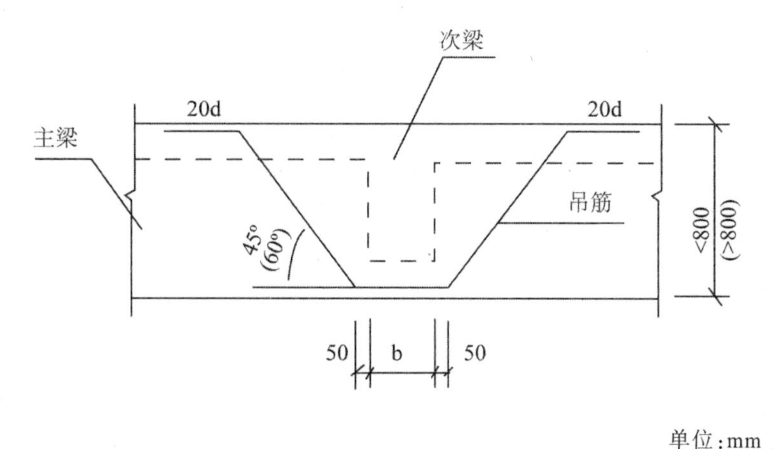

图3-13 吊筋示意图

梁拉筋下料长度公式为:

拉筋长度=(梁宽−2×保护层)+2×1.9d+max(10d,75)×2−(2个135°量度差值)

拉筋根数=(l_n−50×2)/(非加密区间距的2倍)+1

梁箍筋下料长度公式为:

箍筋长度计算和重量方法参照柱箍筋计算。

箍筋根数N=2×[(加密区长度−50)/加密区间距]+(非加密区长度/非加密区间距)+1

加密区长度按表3-3选取,箍筋个数分段计算并向上取整。抗震框架梁箍筋示意图,如图3-14所示。框架梁钢筋下料单,如表3-4所示。

表3-3 加密区长度计算表

抗震等级	加密区长度
一级抗震	max(2×梁高,500)
二~四级抗震	max(1.5×梁高,500)

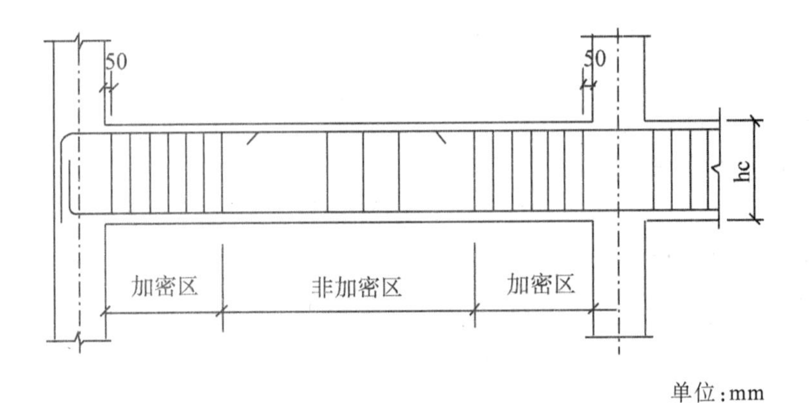

单位:mm

图3-14 抗震框架梁箍筋示意图

表3-4 框架梁钢筋下料单

序号	钢筋位置	数量	单根长度	形 状	备注
1	KL1上部通长筋	2			
2	KL1下部通长筋	2			
3	KL1支座负筋	1			
4	KL1箍筋	7			

续表

序号	钢筋位置	数量	单根长度	形 状	备注
5	KL2上部通长筋	2			
6	KL2下部通长筋	3			
7	KL2箍筋	11			
8	KL3上部通长筋	2			
9	KL3下部通长筋	2			
10	KL3支座负筋	2			
11	KL3箍筋	10			

按照下料单完成梁钢筋的切断和弯曲。(本次实训采用的是直径为12钢筋,可人工切断和弯曲)

☞ 任务一:补全技术交底,练习梁钢筋的切断操作

1. 根据图纸检查下料单是否有错误和遗漏,根据下料单选择正确的钢筋型号。
2. 对钢筋原材料进行调直与除锈。
3. 钢筋切断。
4. 检查验收,堆放标记,整理场地工作台。

☞ 任务二:练习梁钢筋的弯曲或弯钩工艺

1. 根据下料单正确选取钢筋。
2. 根据图示尺寸,使用卷尺量取后做好标记。
3. 在工作台上弯曲,控制好角度90°或者135°。
4. 堆放标记,整理场地工作台。

箍筋弯曲的步骤,如图3-15所示。

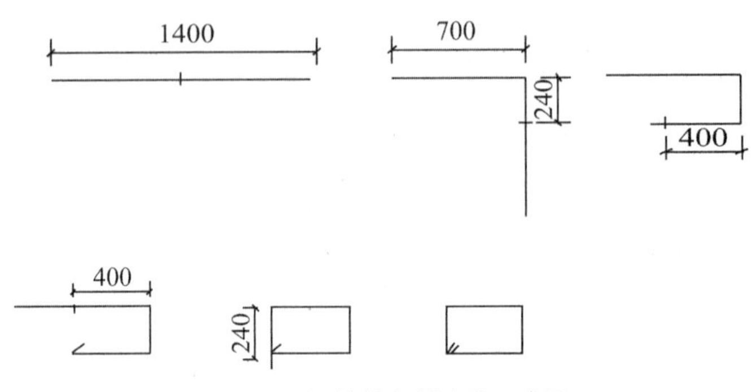

图3–15 梁箍筋弯制步骤示意图

①在操作台手摇板的左侧用铁钉标出700mm、240mm、400mm三个标志；②在钢筋一半处弯折90°；③在短边240mm长处弯折90°；④同一侧长边400mm处弯折135°；⑤换钢筋另一侧长边400mm处弯折90°；⑥短边240mm处弯折135°。

钢筋加工的允许偏差及检验方法，见表3–5。

表3–5 钢筋加工的允许偏差及检验方法

项目	允许偏差/mm	检验方法
受力钢筋顺长度方向全长的净尺寸	±10	钢尺检查
弯起钢筋的弯折位置	±20	钢尺检查
箍筋内净尺寸	±5	钢尺检查

第三步 钢筋绑扎

框架梁(KL)是指两端与框架柱(KZ)相连的梁，或者两端与剪力墙相连但跨高比不小于5的梁。现代结构设计中，对于框架梁还有另一种观点，即需要参与抗震的梁。纯框架结构随着高层建筑的兴起而越来越少见，而剪力墙结构中的框架梁则主要是参与抗震的梁。框架梁如图3–16所示。

图3–16 框架梁

框架梁的钢筋骨架由上部通长筋、下部通长筋、支座负筋和箍筋绑扎固定形成，钢筋笼的制作对于梁的质量影响很大，制作出质量合格的钢筋笼是保证框架梁质量合格的第一步。框架梁钢筋笼如图3-17所示。

图3-17 框架梁钢筋笼

KL1的钢筋笼制作：

1. 根据配料单检查钢筋

上部通长筋、下部通长筋、支座负筋的规格与尺寸；箍筋的规格与尺寸。

2. 标记箍筋间距

①箍筋间距为100mm，梁两端起步距离为50mm。

②相邻箍筋弯钩应该错开位置。

3. 摆放箍筋

相邻箍筋弯钩应该错开位置。

4. 摆放下部通长筋

注意下部通长筋位于箍筋的转角处，伸入柱钢筋笼的一端不超过柱钢筋笼的外边边缘。

5. 绑扎箍筋与下部通长筋

①箍筋与下部通长筋应垂直，箍筋转角处与下部通长筋的交点均要绑扎。

②箍筋弯钩叠合处应沿梁下部通长筋交错布置，并绑扎牢固。

③扎丝端头不能剪断，并弯至梁中心。

6. 绑扎上部通长筋

摆放上部通长筋，注意把上部通长筋放在箍筋的上面两个转角处，箍筋转角处与上部通长筋的交点均要绑扎。

7. 按照验收要求，检查验收

①检查纵筋和箍筋位置是否正确。

②检查相邻箍筋的弯钩错位以及间距控制在上下3mm内。

③检查每个交点是否都牢固绑扎。

☞ **任务三：完成KL2的钢筋笼制作工艺（请学生补充完整）**

1.

2.

3.

4.

5.

6.

7.

☞ **任务四：熟读KL3的钢筋笼制作工艺，完成技术交底表和质量验收单。**

1. 根据配料单检查钢筋

上部通长筋、下部通长筋、支座负筋的规格与尺寸；箍筋的规格与尺寸。

2. 标记箍筋间距

①梁两端起步距离为50mm，加密区间距为100mm，非加密区间距为200mm。

②相邻箍筋弯钩应该错开位置。

3. 摆放箍筋

相邻箍筋弯钩应该错开位置。

4. 摆放下部通长筋

注意下部通长筋位于箍筋的转角处，伸入柱钢筋笼的一端不超过柱钢筋笼的3轴外边边缘。

5. 绑扎箍筋与下部通长筋

①箍筋与下部通长筋应垂直，箍筋转角处与下部通长筋的交点均要绑扎。

②箍筋弯钩叠合处应沿梁下部通长筋交错布置，并绑扎牢固。

③扎丝端头不能剪断，并弯至梁中心。

④加密区与非加密区要区分开来。

6. 绑扎上部通长筋

摆放上部通长筋，注意把上部通长筋放在箍筋的上面两个转角处，箍筋转角处与上部通长筋的交点均要绑扎。

7. 绑扎支座负筋

按图示位置摆放支座负筋，并将支座负筋与箍筋进行绑扎。

8. 放置钢筋保护层垫片

①保护层厚度为20mm，选择合适的塑料垫片。

②保护层垫片放置在箍筋上，可用扎丝绑牢。

9. 验收梁钢筋骨架，填写质量验收单

框架梁钢筋笼的绑扎过程图解，如图3-18所示。

检查钢筋—标记箍筋间距—摆放箍筋—摆放下部通长筋、绑扎钢筋—绑扎上部通长筋—绑扎支座负筋钢筋笼完成放置保护层垫片—检查验收。

① 检查钢筋

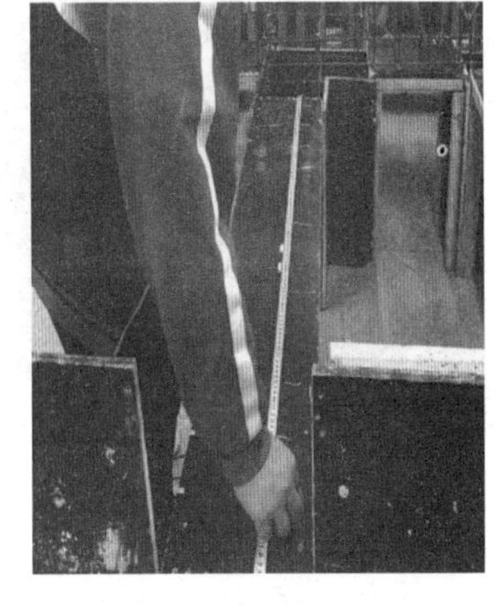

② 标记箍筋间距

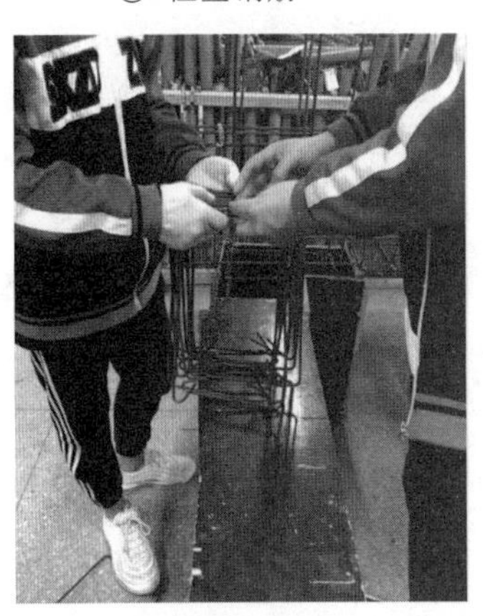

③ 摆放箍筋

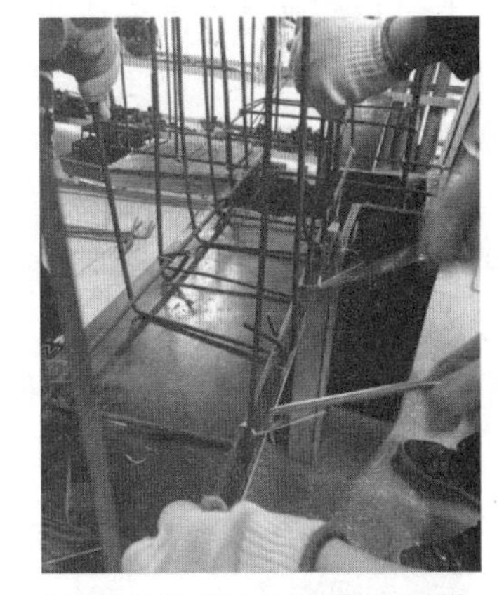

④ 摆放下部通长筋、绑扎钢筋

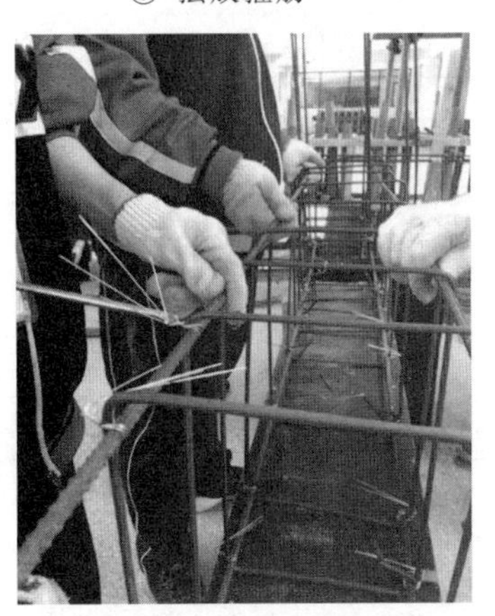

⑤ 绑扎上部通长筋

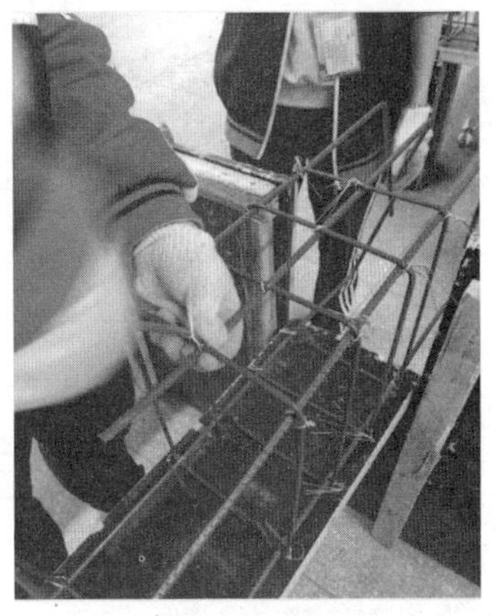

⑥ 绑扎支座负筋

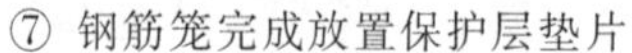

⑦ 钢筋笼完成放置保护层垫片

⑧ 检查验收

图3-18　框架梁钢筋笼的绑扎过程

钢筋绑扎任务完成过程开始于技术交底单的填写与组内讨论，结束于质量验收单的填写与讨论。组内成员经过对图纸的识读分析和钢筋下料的操作，对于钢筋骨架的组成已经掌握；通过对梁钢筋笼绑扎工艺和质量验收标准的学习，初步了解操作流程要点和技术要求，在互相讨论的基础上完成技术交底单的填写，加强钢筋笼制作的施工工艺认识，有助于学生提高动手操作的熟练性。在该任务完成后，填写质量验收单有助于学生发现自己操作过程中的问题，思考解决的办法，并将验收标准熟练掌握。

附钢筋安装允许偏差及检验方法（表3-6），完成技术交底记录（表3-7），质量验收单见（表3-8）。

表3-6　钢筋安装允许偏差及检验方法

<table>
<tr><th colspan="3">项　目</th><th>允许偏差/mm</th><th>检验方法</th><th>备注</th></tr>
<tr><td rowspan="2">绑扎钢筋网</td><td colspan="2">长、宽</td><td>±10</td><td>钢尺检查</td><td></td></tr>
<tr><td colspan="2">网眼尺寸</td><td>±20</td><td>钢尺量连续三档，取最大值</td><td></td></tr>
<tr><td rowspan="2">绑扎钢筋骨架</td><td colspan="2">长</td><td>±10</td><td>钢尺检查</td><td></td></tr>
<tr><td colspan="2">宽、高</td><td>±5</td><td>钢尺检查</td><td></td></tr>
<tr><td rowspan="5">受力钢筋</td><td colspan="2">间距</td><td>±10</td><td rowspan="2">钢尺量两端、中间各一点，取最大值</td><td></td></tr>
<tr><td colspan="2">排距</td><td>±5</td><td></td></tr>
<tr><td rowspan="3">保护层厚度</td><td>基础</td><td>±10</td><td>钢尺检查</td><td></td></tr>
<tr><td>柱、梁</td><td>±5</td><td>钢尺检查</td><td></td></tr>
<tr><td>板、墙、壳</td><td>±3</td><td>钢尺检查</td><td></td></tr>
<tr><td colspan="3">绑扎箍筋、横向钢筋间距</td><td>±20</td><td>钢尺量连续三档，取最大值</td><td></td></tr>
<tr><td colspan="3">钢筋弯起点位置</td><td>20</td><td>钢尺检查</td><td></td></tr>
</table>

续表

项 目		允许偏差/mm	检验方法	备注
预埋件	中心线位置	5	钢尺检查	
	水平高差	±3,0	钢尺和塞尺检查	

表 3-7 技术交底记录

工程名称　　　　　　　　　　　　　　　施工单位

交底部位		工序名称	
交底提要	框架梁钢筋绑扎的相关资料、机具准备、质量要求及施工工艺		
交底内容	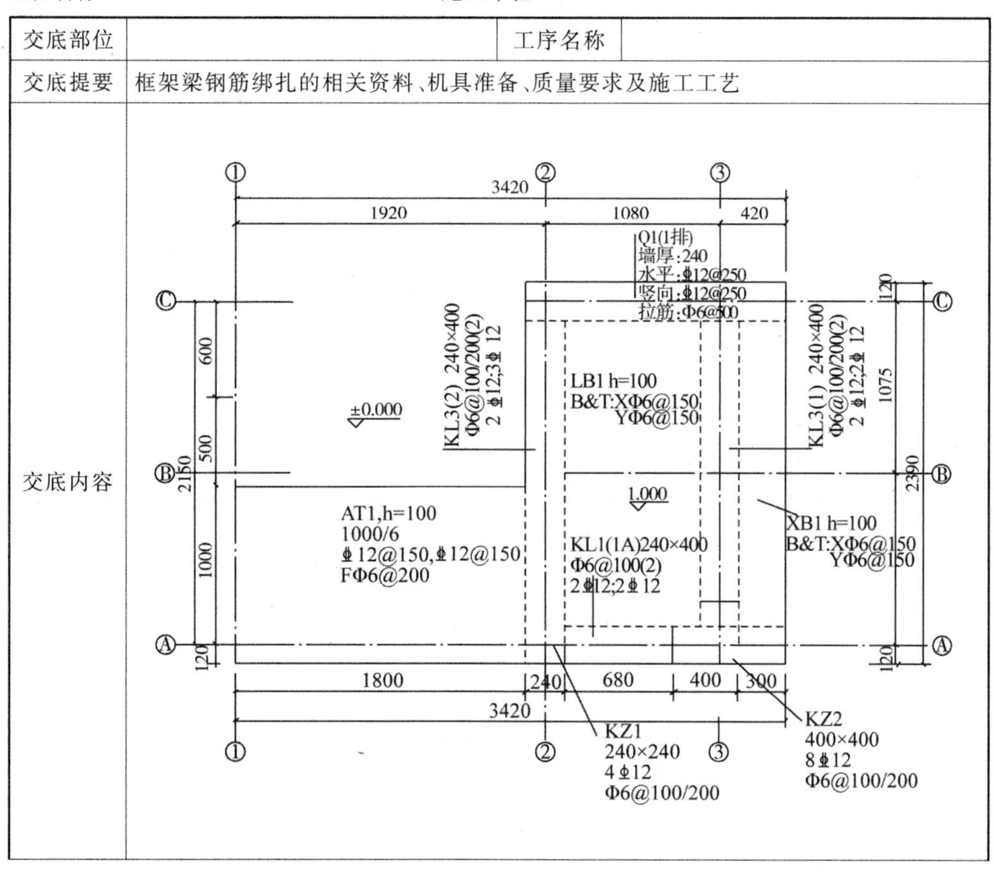		

续表

<table>
<tr><td>交底部位</td><td></td><td>工序名称</td><td></td></tr>
<tr><td>交底内容</td><td colspan="3">材料员完成上部通长筋、下部通长筋、支座负筋、箍筋的配料单
上部通长筋：

下部通长筋：

支座负筋：

箍筋：

二、材质要求
1. 钢筋有无锈蚀，弯曲
2. 上部通长筋、下部通长筋、支座负筋、箍筋规格、形状、尺寸和数量是否有差错
3. 扎丝为未生锈的镀锌铁丝
4. 混凝土保护层垫块为半径20的塑料垫块
施工前材料员检查材料是否满足要求并做记录

三、工器具
钢筋钩子、卷尺、断丝钳、粉笔、老虎钳等

四、操作工艺
1.
2.
3.
4.
5.
6.
7.
8.</td></tr>
</table>

专业技术负责人：　　　　　　交底人：　　　　　　接受人：

表 3-8 质量验收单

梁钢筋工程验收记录表							
验收内容	允许偏差/mm	得分	检验方法	自评	互评	师评	备注
钢筋网长	±10	10	钢尺				
钢筋网宽	±10	10	钢尺				
钢筋网高	±10	10	钢尺				
纵筋位置		10	查看				
箍筋弯钩		10	查看				
箍筋间距	±10	10	钢尺,连续三档				
扎丝牢固		10	查看				
保护层	±5	10	钢尺				
工完场清		10	查看				
综合印象		10	观察				
合计		100					

第四步 模板安装

混凝土具有流动性,浇筑后需要在模具内养护成型。框架梁的钢筋骨架完成后需要按照图纸要求在钢筋骨架外侧安装模板作,为硬化过程中进行防护和养护的工具,保证混凝土在浇筑的过程中保持正确的形状和尺寸。

梁模板构造

钢筋混凝土梁模板主要由侧板、底板、梁箍、夹木、托木和支撑等组成。本实训中侧板、底板均用一定厚度的胶合板加方木条板进行。

在梁底板下每隔一定间距支设顶撑。夹木设置在梁模两侧板下方,将梁侧板与底板夹紧,并钉牢在支柱顶撑上。次梁模板,还应根据格栅标高,在两侧板外面钉上托木。在主梁和次梁交接处,应在主梁侧板上留缺口,并钉上衬口档,次梁的侧板和底板钉在衬口档上,如图 3-19 所示。主次梁支模,如图 3-20 所示。

模板的种类繁多,可以使用木模板、竹模板、胶合板模板和钢模板。本次实训中使用了胶合板模板,并且已经配模成型。

梁模板安装工艺

检查模板—安装梁底模板—梁钢筋绑扎—安装梁侧模—检查验收。

安装的基本要求:

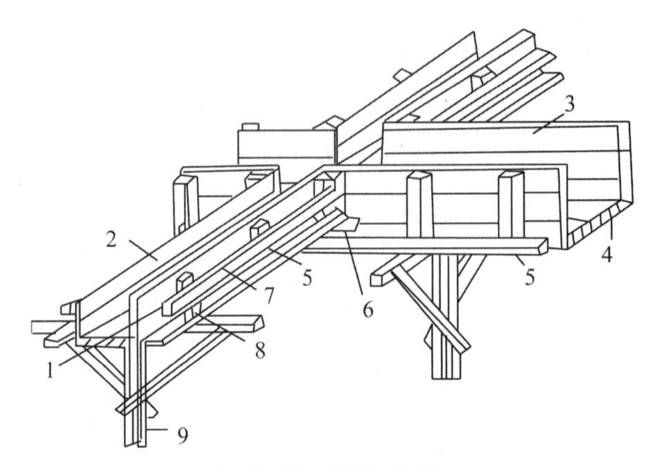

图3-19 梁模板构造

1-次梁底板;2-次梁侧板;3-主梁侧板;4-主梁底板;5-夹木;6-衬口档;7-托木;8-垫块;9-顶撑

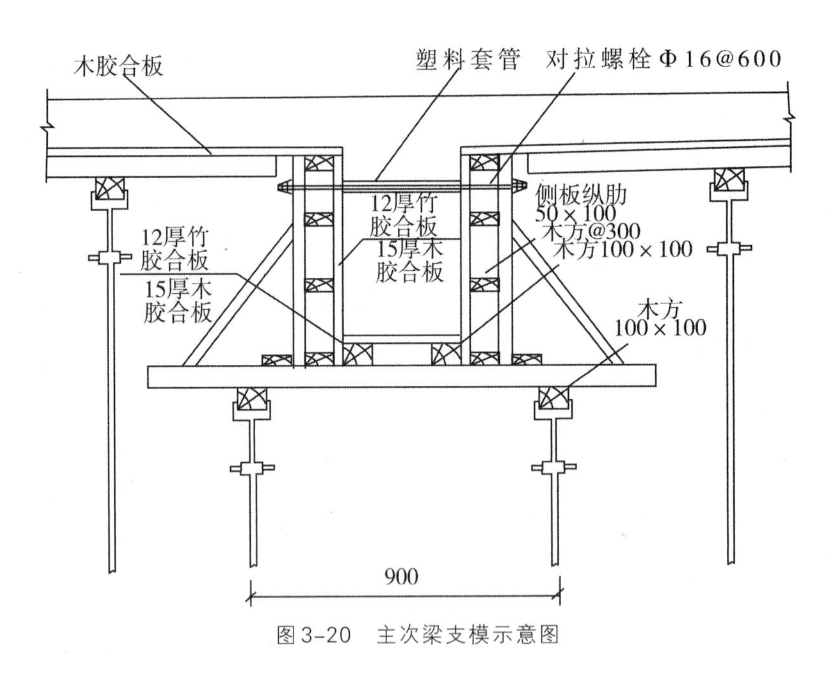

图3-20 主次梁支模示意图

安装的基本要求：

1. 保证结构构件各部分的形状、尺寸和相互间位置的正确性。

2. 具有足够的强度、刚度和稳定性。能承受本身自重及钢筋、浇捣混凝土的重量和侧压力,以及在施工中产生的其他荷载。

3. 装拆方便,能多次周转使用,注意不要钉入过多钉子。

4. 模板拼缝严密,不漏浆。

5.所有木料受潮后不易变形。

梁模板安装流程

KL1模板安装流程：

KL1模板由底板、侧板组成。实训中KL1配料已经完成，如图3-21所示。

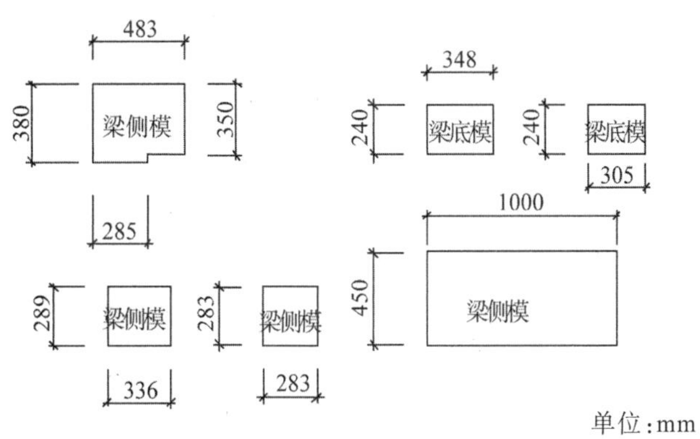

图3-21　KL1木模配模图

1. 检查模板。用钢卷尺检查各模板尺寸，目测有无损坏。清理干净模板两面的杂物。

2. 底板中240×348规格的板两头分别搁置在KZ1和KZ2上，240×305规格的板一端搁置在KZ2上，一端悬挑，用圆钉将模板临时固定，检查两端是否分别与柱模板平齐。

3. 进行KL1的钢筋绑扎（参照梁钢筋绑扎流程）

4. 安放侧板，注意KL3先安装内侧侧板，外侧侧板到楼梯模板安装结束再进行安装。安装侧板时，缺口的一端和KZ2连接，注意安放到没有缝隙后再进行装钉，检查方木加固模板。

5. 检查验收，按照模板验收要求对梁模板进行验收，完成验收记录表。

KL2模板安装流程：

KL2模板由底板、侧板组成。实训中KL2配料已经完成，如图3-22所示。

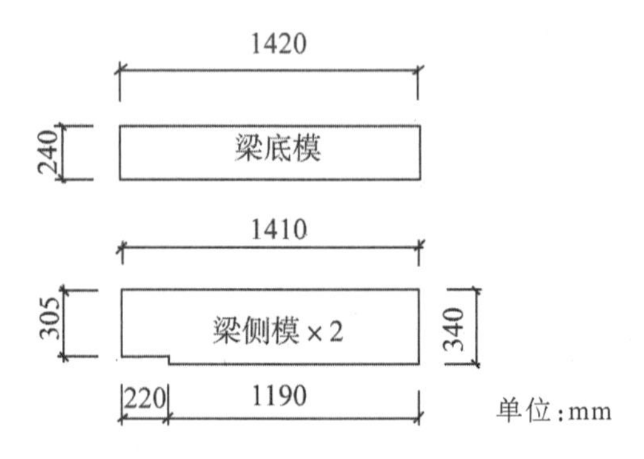

图3-22 KL2木模配模图

1. 检查模板。用钢卷尺检查各块模板尺寸，目测有无损坏。清理干净模板两面的杂物。

2. 底板两头分别搁置在KZ1和剪力墙模板上，用圆钉将模板临时固定，检查两头是否分别与柱模板和剪力墙模板平齐。

3. 进行KL2的钢筋绑扎(参照梁钢筋绑扎流程)。

4. 安放侧板，注意KL2先安装内侧侧板，外侧侧板到剪力墙模板安装结束再进行安装。安装侧板时，缺口的一端和KZ1连接，注意安放到没有缝隙后再进行装钉，检查方木加固模板。

5. 检查验收，按照模板验收要求对梁模板进行验收，完成验收记录表。

KL3模板安装流程：

KL3模板由一块底板、两块侧板组成。实训中KL3配料已经完成，如图3-23所示。

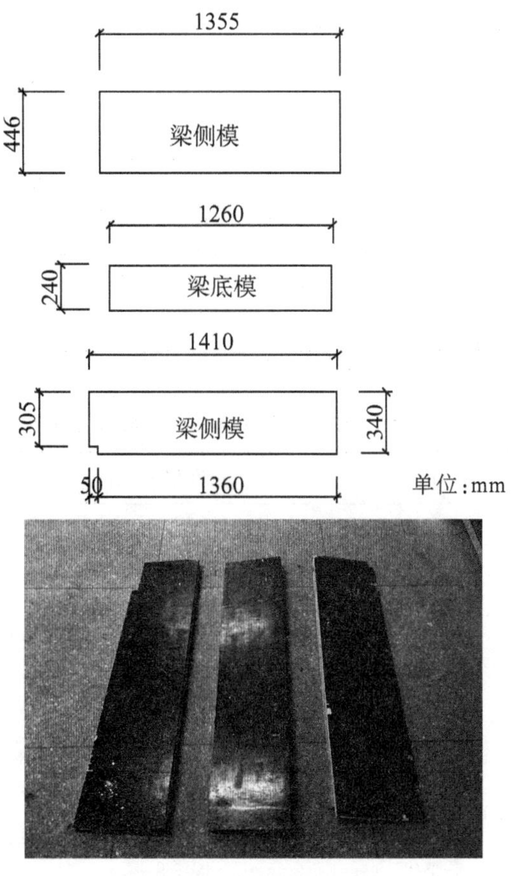

图3-23 KL3木模板配模图

1. 检查模板。用钢卷尺检查模板尺寸，目测有无损坏。清理干净模板两面的杂物。

2. 底板两头分别搁置在KZ2和剪力墙模板上，用圆钉将模板临时固定，检查两头分别与柱模板和剪力墙模板平齐。

3. 进行KL3的钢筋绑扎(参照梁钢筋绑扎流程)。

4. 安放侧板，安装侧板时，缺口的一端和KZ2连接，另一端与剪力墙模板连接，注意安放到没有缝隙后再进行装钉，检查方木加固模板。

5. 安装步步紧，用步步紧对梁模板进行加固。

6. 检查验收，按照模板验收要求对梁模板进行验收，完成验收记录表。

模板加工制作允许偏差，见表3-9。模板安装允许偏差和检查方法，见表3-10。技术交底见表3-11。质量验收记录，见表3-12。

表 3-9　模板加工制作允许偏差

项次	项目名称	允许偏差/mm	检查方法
1	板面平整	2	用 2m 靠尺、塞尺检查
2	模板高度	+3 −5	用钢尺检查
3	模板宽度	+0 −1	用钢尺检查
4	对角线长	±4	对角拉线用直尺检查
5	模板边平直	2	拉线用直尺检查
6	模板翘曲	L / 1000	放在平台上，对角拉线用直尺检查
7	孔眼位置	±2	用钢尺检查

表 3-10　模板安装允许偏差和检查方法

项次	项目		允许偏差/mm	检查方法
1	轴线位移	基础	5	尺量
		柱、墙、梁	3	
2	标高		±3	水准仪或拉线尺量
3	截面尺寸	基础	±5	尺量
		柱、墙、梁	±2	
4	每层垂直度		3	2m 托线板
5	相邻两板表面高低差		2	直尺、尺量
6	表面平整度		2	2m 靠尺、楔形塞尺
7	阴阳角	方正	2	方尺、楔形塞尺
		顺直	2	5m 线尺
8	预埋铁件、预埋管、螺栓	中心线位移	2	拉线、尺量
		螺栓中心线位移	2	
		螺栓外露长度	+10，−0	
9	预留孔洞	中心线位移	5	拉线、尺量
		内孔洞尺寸	+5，−0	
10	门窗洞口	中心线位移	3	拉线、尺量
		宽、高	±5	
		对角线	6	

表3-11 技术交底记录

<table>
<tr><td>施工单位</td><td colspan="3"></td></tr>
<tr><td>工程名称</td><td></td><td>分部工程</td><td></td></tr>
<tr><td>交底部位</td><td></td><td>日　　期</td><td>年　　月　　日</td></tr>
<tr><td>交底内容</td><td colspan="3">一、模板安装操作工艺(学生补充完整)

三、质量检查验收要点
1. 模板接缝不得漏浆
2. 浇筑混凝土前,模板内的杂物应清理干净
3. 符合图纸要求
4. 模板与混凝土的接触面应清理干净并涂刷隔离剂,不得采用影响结构性能或妨碍装饰工程施工的隔离剂

四、应注意的安全问题
1. 进入施工现场必须带好安全帽
2. 不得踩踏钢筋笼和模板
3. 模板支撑不得使用腐朽、扭裂、劈裂的材料,顶撑要垂直,底端平整坚实,并加垫木,木楔要钉牢并用拉杆拉牢
4. 模板未支牢固不准离开,如离开得有专人看护
5. 拆除模板应经施工技术人员同意,操作时应按顺序分段进行,严禁猛撬、硬砸或大面积撬落和拉倒,完工前,不得留下松动和悬挂的模板,拆下的模板应及时运送到指定地点集中堆放</td></tr>
</table>

专业技术负责人：　　　　交底人：　　　　接受人：

表3-12 质量验收记录

<table>
<tr><td colspan="8">梁模板工程验收记录表</td></tr>
<tr><td>验收内容</td><td>允许偏差/mm</td><td>得分</td><td>检验方法</td><td>自评</td><td>互评</td><td>师评</td><td>备注</td></tr>
<tr><td>轴线偏移</td><td>±3</td><td>10</td><td>钢尺</td><td></td><td></td><td></td><td></td></tr>
<tr><td>截面尺寸长</td><td>±2</td><td>10</td><td>钢尺</td><td></td><td></td><td></td><td></td></tr>
</table>

续表

梁模板工程验收记录表							
验收内容	允许偏差/mm	得分	检验方法	自评	互评	师评	备注
截面尺寸宽	±2	10	钢尺				
垂直度	3	10	钢尺				
阴阳角	2	10	查看				
表面平整	2	10	查看				
牢固		15	查看				
安全性		15	查看				圆钉不可外露
工完场清		5	查看				
综合印象		5	观察				
合计		100					

四、项目实施

劳动组织形式

本项目实施中，对学生进行分组，学生4人成一个工作小组。各小组施工前制定出技术交底记录，组长作为技术指导负责人，协助教师参与指导本组学生学习，检查项目实施进程和质量，制定改进措施，共同完成项目任务。任务分配表，见表3-13。

表3-13　任务分配表

序号	各组成员组成	成员工作职责	实施人	备注
1	任务准备	1. 图纸 2. 建筑施工技术(教材) 3. 钢筋混凝土工程质量验收规范 4. 工具	全组成员	
2	过程实施	1. 钢筋下料 2. 钢筋加工 3. 钢筋绑扎 4. 安装模板 5. 验收检查	全组成员	
3	交流改进	1. 进度检查 2. 质量检查 3. 改进措施	组长	
4	评价总结	各小组自评、互评	全组成员	

所需设备与器件

完整施工图一套、各类信息表、绘图工具等。

项目评价

按时间、质量、安全、文明、环保要求进行考核。首先学生按照表3-14项目考核评分,先自评,在自评的基础上,由本组的同学互评,最后由教师进行总结评分。

表3-14 项目考核评价表

姓名: 总分:

序号	考核项目	考核内容及要求	评分标准	配分	学生自评	学生互评	教师考评	得分
1	时间要求	400分钟	不按时无分	30				
2	质量要求	钢筋下料	与下料单不符,每错一个扣1分	10				
		钢筋加工	按验收要求,每错一个扣1分	15				
		钢筋绑扎	按验收要求,每错一个扣1分	15				
		模板安装	按验收要求,每错一个扣1分	15				
3	安全要求	遵守安全操作规程	不遵守酌情扣1—5分	5				
4	文明要求	遵守文明生产规则	不遵守酌情扣1—5分	5				
5	环保要求	遵守环保生产规则	不遵守酌情扣1-5分	5				

注:如出现重大安全、文明、环保事故,及损坏设备,本项目考核记为0分。

五、项目实施过程中可能出现的问题及对策

问　题

在梁钢筋模板的实训过程中,有两个问题容易出现:

1. 通长筋位置的错误。通长筋要摆放在柱纵筋的同一侧。
2. 模板安装时内外面会弄反。

解决措施

结合图纸和实物参照进行讲解示范,掌握原因,再操作就可以不再出错。

❖ 课后练习 ❖

一、选择题

1.现浇钢筋混凝土梁,当跨度大于(　　)m时,模板应起拱;当设计无具体要求时,起拱高度宜为全跨长度的1/1000—3/1000。

A.3　　B.4　　C.5　　D.6

2.跨度≤8m的梁模板拆除时,其混凝土强度需达到设计混凝土强度等级值的(　　)。

A.65%　　B.70%　　C.75%　　D.100%

3.梁高≤800时,吊筋弯起角度为(　　)。

A.60　　B.30　　C.45　　D.35

4.梁上起柱时,在梁内设几道箍筋。(　　)

A.两道　　B.三道　　C.一道　　D.四道

5.纯悬挑梁下部钢筋入支座锚固长度为(　　)。

A.5d　　B.10d　　C.15d　　D.20d

6.当直形普通梁端支座为框架梁时,第一排端支座负筋伸入梁内的长度为(　　)。

A.1/3Ln　　B.1/4Ln　　C.1/5Ln　　D.1/6Ln

7.当梁上部纵筋多一排时,用什么符号将各排钢筋自上而下分开。(　　)

A./　　B.;　　C.*　　D.+

8.拼装高度为(　　)以上的竖向模板,不得站在下层模板上拼装上层模板。

A.1m　　B.2m　　C.3m　　D.4m

9.框架梁上部纵筋包括哪些?(　　)

A.上部通长筋　　B.支座负筋　　C.架立筋　　D.腰筋

二、判断题

1.模板安装应与钢筋安装配合进行,梁柱节点的模板宜在钢筋安装后安装。 (　　)
2.木模在浇砼前浇水湿润,可以在一定程度上防止漏浆。 (　　)
3.在设计对模板拆除无规定时,可采取先支的后拆、后支的先拆、先拆非承重模板、后拆承重模板,并应从上而下进行拆除。 (　　)
4.基础主梁和基础次梁都要在支座里设箍筋。 (　　)
5.KL8(5A)表示第8号框架梁,5跨,一端有悬挑。 (　　)
6.边框梁代号是BKL,它属于梁构件。 (　　)

三、完成工作日志

工作日志

时　　间	年　月　日	天气情况		记录人	
日　志　内　容					
工作内容	备忘事项:				
	今日工作:				
发现问题的整改及落实情况	今日发现的问题:				
发现问题的整改及落实情况	今日存在的安全隐患:				

续表

时　　间	年　月　日	天气情况		记录人	
	整改及落实情况：				
备注					

四、拓展题

通过网络查询、请教身边的建筑同行或者查阅书籍，了解目前工地上的模板工程施工技术的发展情况，完成1000字左右的论文。

项目四 ITEM 4 现浇板钢筋笼制作与模板安装实训

一、项目要求

知识目标 熟悉结构施工图和板的钢筋下料,并做好钢筋绑扎和木模板安装的施工前准备。掌握板钢筋骨架绑扎的工艺要求、施工规范标准和验收要点。掌握木模板安装的工艺要求、施工规范标准、验收要点、拆模要领以及顺序。

技能目标 掌握板钢筋骨架绑扎和模板安装的施工方法、施工技术。

素质目标 培养学生良好的职业素养,使学生养成工作认真负责的态度,具有团队意识、交流能力和妥善处理人际关系的能力,具有良好的职业道德和爱岗敬业精神,树立良好的职业道德意识。

时间要求 6课时。

质量要求 符合《混凝土结构工程施工质量验收规范》(GB 50204—2002)。

安全要求 遵守施工现场的安全规定。

文明要求 自觉按照文明生产规则进行项目作业。

环保要求 按照环境保护原则进行项目作业。

二、项目背景与分析

背景介绍

实训项目为某钢筋混凝土工程模型,抗震等级为四级,混凝土为C25,梁柱的混凝土保护层厚度为20mm,板的混凝土保护层厚度为15mm。该模型包含两根框架柱,三根框架梁、两块现浇板、一面剪力墙和一跑楼梯。实训工程结构施工图,如图4-1所示。

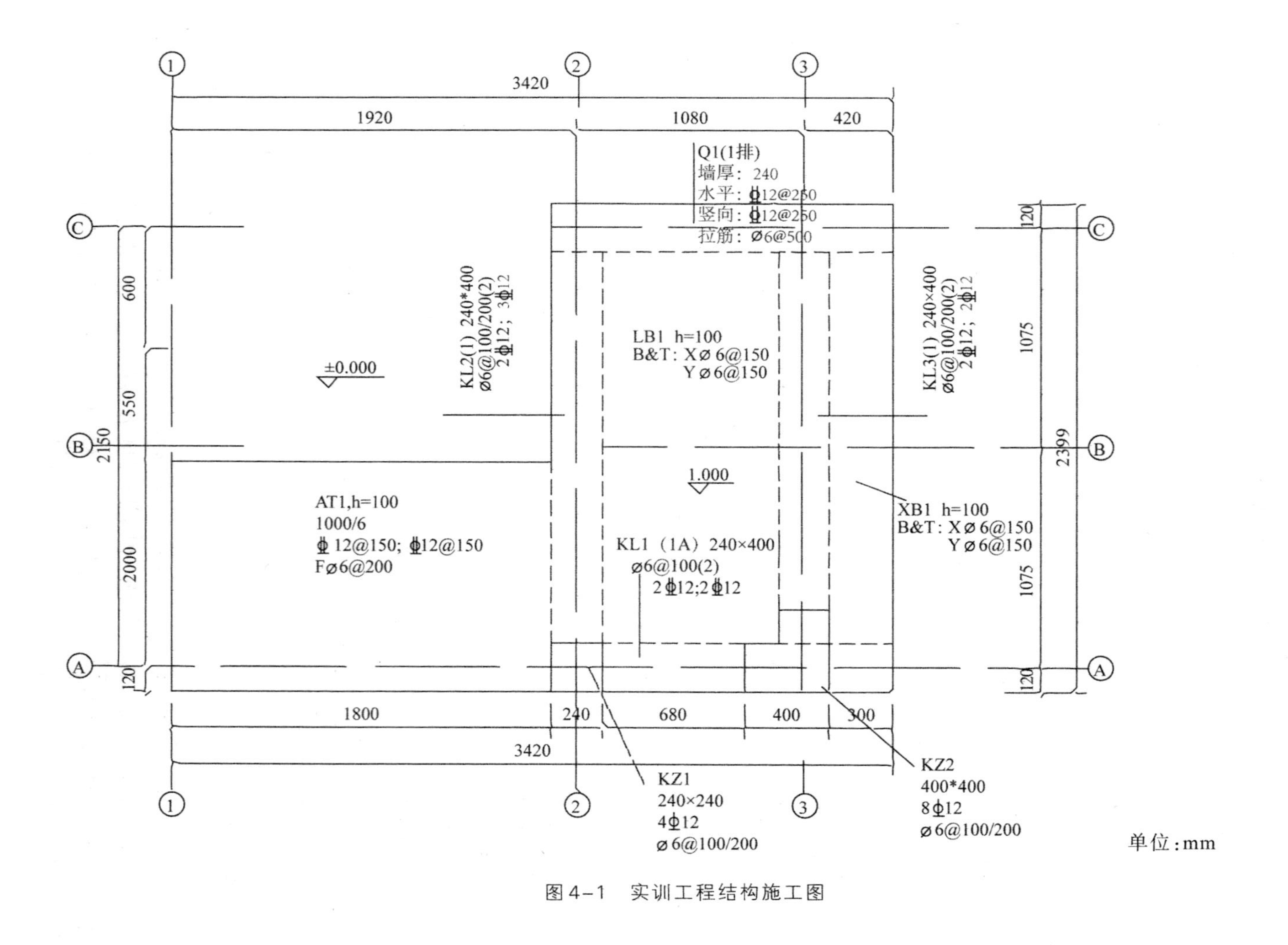

图 4-1　实训工程结构施工图

项目分析

实训模型中的两块板，一块为悬挑板XB1，尺寸为305mm×1420mm，上部和下部的钢筋配置均为X向贯通纵筋Φ6@150，Y向贯通纵筋Φ6@180，板厚h为100mm；一块为楼面板LB1尺寸为515mm×1420mm，上部和下部的钢筋配置均为X向贯通纵筋Φ6@150，Y向贯通纵筋Φ6@150，板厚h为100mm。板的集中标注如图4-2所示。

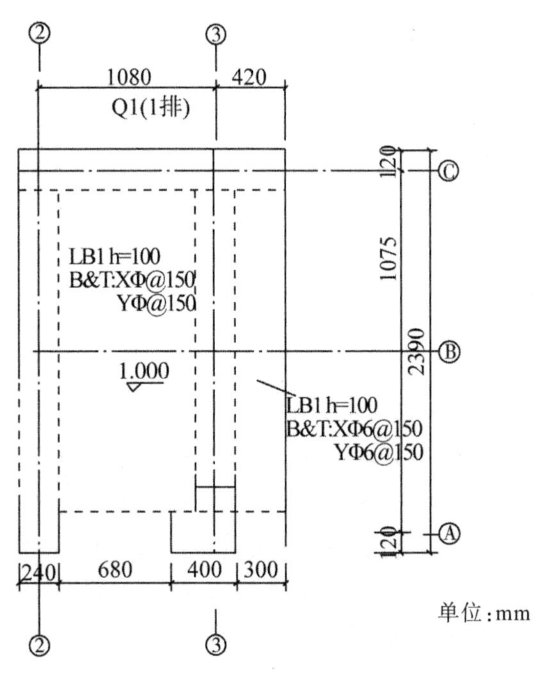

图4-2 板的集中标注

三、项目实施的步骤

第一步 实训准备

人员准备

实训时分组进行，每组4人，分工如见表4-1。

表4-1 分工表

序号	工 种	人 数	管理任务
1	施工员	1	施工员岗位管理任务
2	安全质检员	1	安全质检员岗位管理任务

续表

序号	工 种	人 数	管理任务
3	材料员	1	材料员岗位管理任务
4	资料员(监理员)	1	资料员(监理员)岗位管理任务

资料准备

实训指导书、板钢筋绑扎技术交底记录、板模板安装技术交底记录、《建筑施工技术》《钢筋混凝土工程验收标准》。

工具准备

①钢筋、②扎丝、③木模板、④方料、⑤铁钉、⑥钢筋钩子、⑦锤子、⑧安全帽、⑨手套、⑩断丝钳、⑪卷尺等。

第二步 钢筋下料

1. 板底筋下料长度公式为

单根长度L＝净跨l_n＋左右伸入支座内的长度max(B/2、5d)＋2个弯钩增加长度

根数N＝(板净跨长－2×起步间距)/板筋间距＋1(向上取整)

式中:(1)净跨l_n取梁与梁之间净距离;(2)伸入支座内的长度:当端部支座为混凝土梁或剪力墙时,伸入支座内的长度为max(B/2、5d),B为梁宽,d为钢筋直径;当端部支座为当板底筋为一级钢筋时,每个伸入长度另加6.25d;(3)起步间距:1/2板筋间距。

2. 板顶筋下料长度公式为

单根长度L＝净跨l_n＋2×(B－c)＋2×15d

根数N＝(板净跨长－2×起步间距)/板筋间距＋1(向上取整)

式中:(1)净跨l_n单跨时取梁与梁之间净距离,多跨时取首尾端梁间净距;(2)B为梁宽,c为梁的保护层厚度,d为钢筋直径;(3)起步间距:1/2板筋间距。

板下部钢筋计算示意图,如图4-3所示。板上部钢筋计算示意图,如图4-4所示。板钢筋下料单,见表4-2所示。

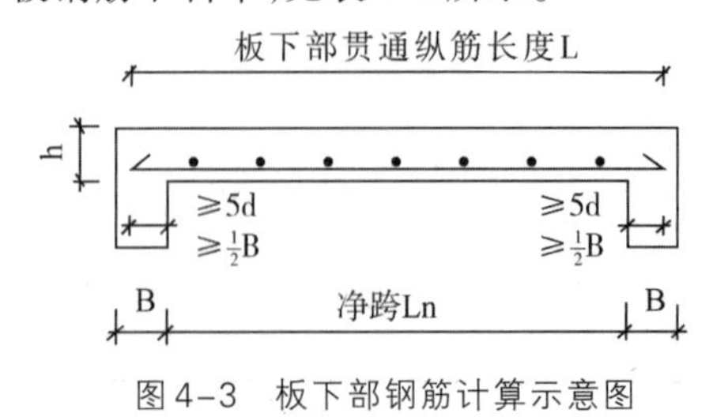

图4-3 板下部钢筋计算示意图

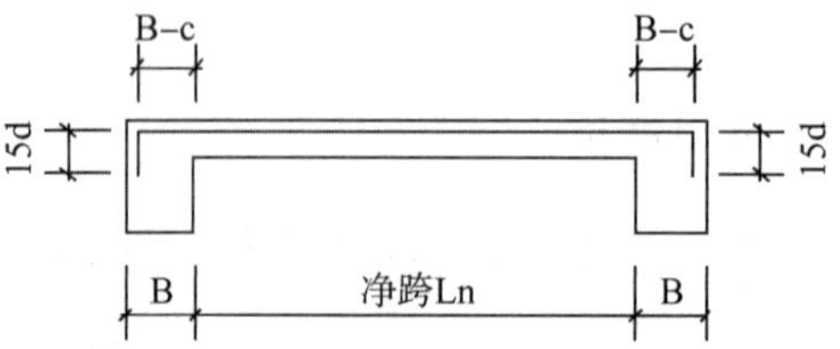

图4-4 板上部钢筋计算示意图

表4-2 板钢筋下料单

序号	构件	所在位置	形 状	规格等级	单根下料长度/mm	总根数/根	总长/m	总重量/kg
1	LB1	下部筋X方向						
2		下部筋Y方向						
3		上部筋X方向						
4		上部筋Y方向						
5	XB1	下部筋X方向						
6		下部筋Y方向						
7		上部筋X方向						
8		上部筋Y方向						
合计								

按照下料单完成板面筋和底筋的切断和弯曲。本次实训采用的是直径为6mm的钢筋,可以人工切断和弯曲。

钢筋的切断工艺

1. 根据图纸检查下料单是否有错误和遗漏,根据下料单选择正确的钢筋型号。

2. 对钢筋原材料进行调直与除锈。目测钢筋局部弯曲情况,利用铁锤敲打调直。观察钢筋是否锈蚀,使用榔头、刮刀、钢丝刷等工具,对钢筋锈斑进行处理。先用榔头把钢筋锈斑敲松,然后用刮刀、钢丝刷去除锈斑。

3. 钢筋切断。根据图纸,使用卷尺量取正确的长度后,利用粉笔做好标记,使用钢筋钳剪断。

4. 堆放标记,整理场地工作台。已经剪切完成的钢筋按照类型规范堆放,并做好标示牌标记。

钢筋的弯曲或弯钩工艺

1. 根据下料单正确选取钢筋。
2. 根据尺寸,使用卷尺量取后做好标记。
3. 在工作台上弯曲,控制好角度90°或者180°。
4. 堆放标记,整理场地工作台。

钢筋加工的允许偏差及检验方法,见表4-3。

表 4-3 钢筋加工的允许偏差及检验方法

项　目	允许偏差/mm	检验方法
受力钢筋顺长度方向全长的净尺寸	±10	钢尺检查
弯起钢筋的弯折位置	±20	钢尺检查
箍筋内净尺寸	±5	钢尺检查

第三步　钢筋绑扎

钢筋混凝土板，是房屋建筑和各种工程结构中的基本结构或构件，应用范围极广，板的厚度应满足强度和刚度的要求。钢筋混凝土板由两部分组成：钢筋骨架和混凝土。本实训中用到的现浇板主要作用是竖向分隔建筑内的空间，主要承担自重、抹灰、居住人员、家具等荷载，民用建筑除板自重外，以活荷载为主。

板的钢筋骨架由上部钢筋、下部钢筋、马凳筋绑扎固定形成，钢筋笼的制作对于板的质量影响很大，制作出质量合格的钢筋笼是保证板质量合格的第一步。

板的钢筋笼制作：

1. 根据配料单检查钢筋：上部钢筋、下部钢筋的规格与尺寸，马凳筋的规格与尺寸

注意：180度弯钩为下部钢筋，90°弯钩为上部钢筋。

2. 根据图纸间距标记钢筋位置

3. 摆放下部钢筋

①按图纸要求做标记并依次摆放受力筋。

②受力筋一端与板边缘平齐，一端伸入梁钢筋笼，并与梁钢筋笼外侧齐平。

4. 摆放下部钢筋分布筋

①按照标记摆放短向受力筋，受力筋一端与悬挑板边缘平齐，一端伸入梁钢筋笼，并与梁钢筋笼外侧平齐。

②按照标记摆放长向分布筋，分布筋一端伸入梁钢筋笼，并与梁钢筋笼外侧齐平。

注意：受力筋在分布筋下面。

5. 绑扎下部筋

①受力筋与分布筋应垂直，受力筋与分布筋的交点均要绑扎。

②绑扎完成的铅丝头不要剪断，每相邻的两个铅丝头成“八”字形。

6. 摆放、绑扎马凳筋

在板下部筋网的4个角落依次摆放马凳筋，并用钢丝钩子绑扎牢固。

7. 摆放、绑扎上部筋

①上部筋搁在马凳筋上进行绑扎。

②受力筋和分布筋分别和下部的受力筋和分布筋对齐。

③所有上部筋弯钩朝下,受力筋与分布筋的交点均要绑扎。

注意:受力筋在分布筋上面。

8. 验收板钢筋骨架,填写质量验收单

板钢筋笼的绑扎过程图解,如图4-5所示。

检查钢筋—摆放下部钢筋受力筋—摆放下部钢筋分布筋—绑扎下部筋—摆放、绑扎马凳筋—摆放、绑扎上部筋—检查验收。

① 检查钢筋

② 摆放下部钢筋受力筋

③ 摆放下部钢筋分布筋

④ 绑扎下部筋

⑤ 摆放、绑扎马凳筋

⑥ 摆放、绑扎上部筋

⑦ 检查验收

图4-5　板钢筋笼的绑扎过程

钢筋绑扎任务开始于技术交底单的填写与组内讨论，结束于质量验收单的填写与讨论。组内成员经过对图纸的识读分析和钢筋下料的操作，对于钢筋骨架的组成已经掌握；通过对板钢筋笼绑扎工艺和质量验收标准的学习，初步了解操作流程要点和技术要求，在互相讨论的基础上完成技术交底单的填写，加强了对钢筋笼制作的施工工艺认识，有助于提高动手操作的熟练性。在该任务完成后填写质量验收单有助于学生发现自己操作过程的问题，思考解决的办法，并将验收标准熟练掌握。

钢筋安装允许偏差及检验方法，见表4-4。技术交底记录，见表4-5。质量验收单，见表4-6。

表4-4 钢筋安装允许偏差及检验方法

项目			允许偏差/mm	检验方法	备注
绑扎钢筋网	长、宽		±10	钢尺检查	
	网眼尺寸		±20	钢尺量连续三档,取最大值	
绑扎钢筋骨架	长		±10	钢尺检查	
	宽、高		±5	钢尺检查	
受力钢筋	间距		±10	钢尺量两端、中间各一点,取最大值	
	排距		±5		
	保护层厚度	基础	±10	钢尺检查	
		柱、梁	±5	钢尺检查	
		板、墙、壳	±3	钢尺检查	
绑扎箍筋、横向钢筋间距			±20	钢尺量连续三档,取最大值	
钢筋弯起点位置			20	钢尺检查	
预埋件	中心线位置		5	钢尺检查	
	水平高差		±3,0	钢尺和塞尺检查	

表4-5 技术交底记录

工程名称　　　　　　　　　　　　　　施工单位

交底部位		工序名称	
交底提要	板钢筋绑扎的相关资料、机具准备、质量要求及施工工艺		
交底内容	一、施工图纸 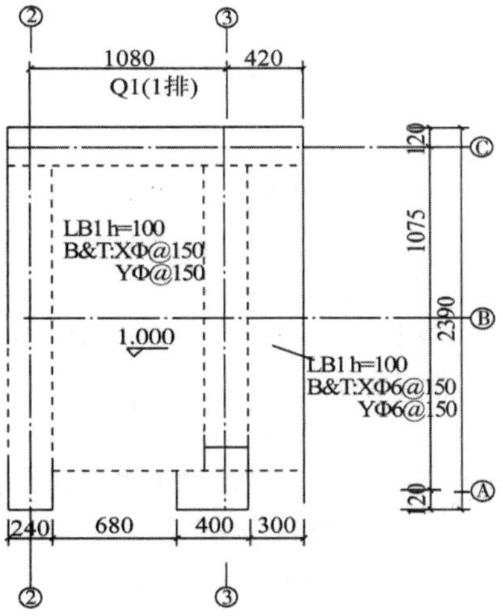 材料员完成上部钢筋受力筋,分布筋,下部钢筋受力筋、分布筋的配料单(马凳筋为成品)		

续表

<table>
<tr><td>交底部位</td><td></td><td>工序名称</td><td></td></tr>
<tr><td>交底内容</td><td colspan="3">上部钢筋：

下部钢筋：

二、材质要求
1. 钢筋有无锈蚀，弯曲
2. 纵筋、箍筋规格、形状、尺寸和数量是否有差错
3. 扎丝为未生锈的镀锌铁丝
施工前材料员检查材料是否满足要求并做记录

三、工器具
钢筋钩子、卷尺、断丝钳、粉笔、老虎钳等

四、操作工艺
1. 根据配料单检查钢筋：上部钢筋受力筋、分布筋的规格与尺寸；下部钢筋受力筋、分布筋的规格与尺寸；马凳筋的规格与尺寸
注意：180度弯钩为下部钢筋，90°弯钩为上部钢筋
2. 学生完成

3. 绑扎下部筋
受力筋与分布筋应垂直，受力筋与分布筋的交点均要绑扎
绑扎完成的铅丝头不要剪断，每相邻的两个铅丝头成“八”字形
4. 摆放、绑扎马凳筋
在板下部筋网的4个角落依次摆放马凳筋，并用钢丝钩子绑扎牢固
5. 摆放、绑扎上部筋
上部筋搁在马凳筋上进行绑扎
受力筋和分布筋分别和下部的受力筋和分布筋对齐
所有上部筋弯钩朝下，受力筋与分布筋的交点均要绑扎
注意：受力筋在分布筋上面
6. 验收板钢筋骨架，填写质量验收单</td></tr>
</table>

专业技术负责人：　　　　　　交底人：　　　　　　接受人：

表 4-6 质量验收单

板钢筋工程验记录表							
验收内容	允许偏差/mm	得分	检验方法	自评	互评	师评	备注
钢筋网长	±10	10	钢尺				
钢筋网宽	±10	10	钢尺				
钢筋网高	±10	10	钢尺				
受力筋位置		10	查看				
分布筋位置		10	查看				
马凳筋位置		10	查看				
扎丝牢固		10	查看				
扎丝成八字型		10	查看				
工完场清		5	查看				
综合印象		5	观察				
合计		100					

第四步 模板安装

混凝土具有流动性，浇筑后需要在模具内养护成型。板的钢筋骨架完成后需要按照图纸要求在钢筋骨架外侧安装模板，作为硬化过程中进行防护和养护的工具，保证混凝土在浇筑的过程中保持正确的形状和尺寸。

板模板包括两部分：模板（侧模）、支撑体系。如图 4-6 所示：

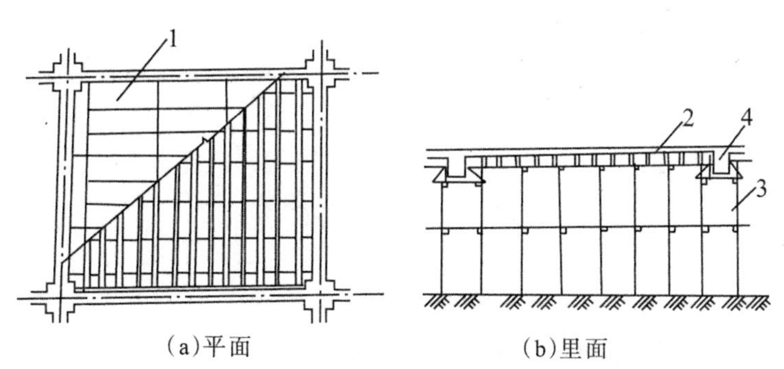

图 4-6 楼板模板采用钢管脚手架排架支撑

1-胶合板；2-木楞；3-钢管脚手架支撑；4-现浇混凝土梁

模板的种类繁多，可以使用木模板，竹模板，胶合板模板和钢模板。本次实训中使用了胶合板模板，并且已经配模成型。

模板的支撑体系可采用脚手钢管搭设排架，也可采用木顶撑支设楼板模板。

板模板安装的施工工艺：

检查模板—模板就位—模板固定—检查验收。

楼面板板模板安装流程：

楼面板模板仅一块底模。

实训中楼面板底模配料已经完成，如图4-7所示。

图4-7　楼面板底板配模图

1. 检查模板。用钢卷尺检查底模模板尺寸，目测有无损坏。清理干净模板两面杂物。

2. 将底模摆放就位，模板4边分别与KL2、KL1、KL3和剪力墙模板边缘平齐。

3. 用圆钉将模板临时固定，检查垂直度和尺寸后钉牢固。

4. 检查验收。按照模板验收要求对柱模板进行验收，完成验收记录表。

悬挑板模板安装流程：

悬挑板模板由一块底模和一块侧模组成。

实训中悬挑板底模、侧模配料已经完成，如图4-8所示：

1. 检查模板。用钢卷尺检查两块模板尺寸，目测有无损坏。清理干净模板两面杂物。

2. 将底模、侧模摆放就位，底模3边分别与KL3、KL1悬挑端、剪力墙模板边缘平

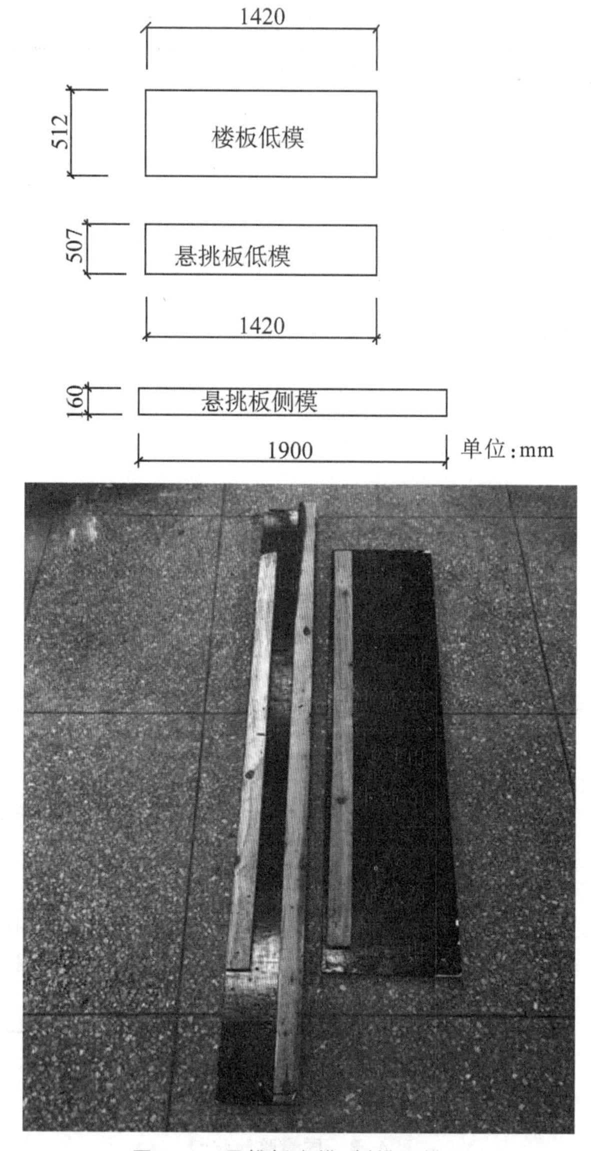

图4-8　悬挑板底模、侧模配模图

齐一边为悬挑边。

3. 用圆钉将模板临时固定,检查垂直度和尺寸后钉牢固。

4. 检查验收。按照模板验收要求对柱模板进行验收,完成验收记录表。

技术交底记录,见表4-7。质量验收记录,见表4-8。

表4-7 技术交底记录

<table>
<tr><td>施工单位</td><td colspan="3"></td></tr>
<tr><td>工程名称</td><td></td><td>分部工程</td><td></td></tr>
<tr><td>交底部位</td><td></td><td>日　期</td><td>年　月　日</td></tr>
<tr><td>交底内容</td><td colspan="3">一、模板安装操作工艺
板模板安装流程(学生完成)

二、质量检查验收要点(学生完成)

三、应注意的安全问题
1. 进入施工现场必须带好安全帽
2. 不得踩踏钢筋笼和模板
3. 模板支撑不得使用腐朽、扭裂、劈裂的材料,顶撑要垂直,底端平整坚实,并加垫木,木楔要钉牢并用拉杆拉牢
4. 模板未支牢固不准离开,如离开得有专人看护
5. 拆除模板应经施工技术人员同意,操作时应按顺序分段进行,严禁猛撬、硬砸或大面积撬落和拉倒,完工前,不得留下松动和悬挂的模板,拆下的模板应及时运送到指定地点集中堆放</td></tr>
</table>

专业技术负责人:　　　　交底人:　　　　接受人:

表4-8 质量验收记录

<table>
<tr><td colspan="8">板模板工程验收记录表</td></tr>
<tr><td>验收内容</td><td>允许偏差/mm</td><td>得分</td><td>检验方法</td><td>自评</td><td>互评</td><td>师评</td><td>备注</td></tr>
<tr><td>轴线偏移</td><td>±3</td><td>10</td><td>钢尺</td><td></td><td></td><td></td><td></td></tr>
<tr><td>截面尺寸长</td><td>±2</td><td>10</td><td>钢尺</td><td></td><td></td><td></td><td></td></tr>
<tr><td>截面尺寸宽</td><td>±2</td><td>10</td><td>钢尺</td><td></td><td></td><td></td><td></td></tr>
<tr><td>垂直度</td><td>3</td><td>10</td><td>钢尺</td><td></td><td></td><td></td><td></td></tr>
<tr><td>表面平整</td><td>2</td><td>20</td><td>查看</td><td></td><td></td><td></td><td></td></tr>
</table>

续表

板模板工程验收记录表							
验收内容	允许偏差/mm	得分	检验方法	自评	互评	师评	备注
牢固		15	查看				
安全性		15	查看				圆钉不可外露
工完场清		5	查看				
综合印象		5	观察				
合计		100					

四、项目实施

劳动组织形式

本项目实施中，对学生进行分组，学生4人成一个工作小组。各小组施工前制定出技术交底记录，组长作为技术指导负责人，协助教师参与指导本组学生学习，检查项目实施进程和质量，制定改进措施，共同完成项目任务。任务分配表，见表4-9。

表4-9 任务分配表

序号	各组成员组成	成员工作职责	实施人	备注
1	任务准备	1. 图纸 2. 建筑施工技术(教材) 3. 钢筋混凝土工程质量验收规范 4. 工具	全组成员	
2	过程实施	1. 钢筋下料 2. 钢筋加工 3. 钢筋绑扎 4. 安装模板 5. 验收检查	全组成员	
3	交流改进	1. 进度检查 2. 质量检查 3. 改进措施	组长	
4	评价总结	各小组自评、互评	全组成员	

所需设备与器件

完整施工图一套、各类信息表、绘图工具等。

项目评价

按时间、质量、安全、文明、环保要求进行考核。首先学生按照表4-10项目考核评分,先自评,在自评的基础上,由本组的同学互评,最后由教师进行总结评分。

表4-10　项目考核评价表

姓名:　　　　　　　　　　　　　　　　　　　　　　　　　　　　总分:

序号	考核项目	考核内容及要求	评分标准	配分	学生自评	学生互评	教师考评	得分
1	时间要求	240分钟	不按时无分	30				
2	质量要求	钢筋下料	与下料单不符,每错一个扣一分	10				
		钢筋加工	按验收要求,每错一个扣一分	15				
		钢筋绑扎	按验收要求,每错一个扣1分	15				
		模板安装	按验收要求,每错一个扣1分	15				
3	安全要求	遵守安全操作规程	不遵守酌情扣1—5分	5				
4	文明要求	遵守文明生产规则	不遵守酌情扣1—5分	5				
5	环保要求	遵守环保生产规则	不遵守酌情扣1—5分	5				

注:如出现重大安全、文明、环保事故,及损坏设备,本项目考核记为0分。

五、项目实施过程中可能出现的问题及对策

问　题

在板钢筋模板的实训过程中,有三个问题容易出现:

1. 受力筋、分布筋位置的错误。下部钢筋受力筋在分布筋下面,上部钢筋受力筋在分布筋上面布置易出错。

2. 扎丝绑扎成八字形易出错。

3. 模板安装时内外面会弄反。

解决措施

结合图纸和实物参照进行讲解示范,掌握原因,再操作就可以不再出错。

课后练习

一、选择题

1.板内钢筋有(　　)。

A.受力筋　B.负筋　C.负筋分布筋　D.温度筋　E.架立筋

2.在有斜支撑的模板工程中,应在两侧模间采用(　　)连接成整体。

A.水平撑　B.斜撑　C.架管　D.以上均可

3.采用扣件式钢管作模板支架时,立杆纵距、立杆横距不应大于(　　)。

A.1m　B.1.5m　C.2m　D.2.5m

4.当板的端支座为砌体墙时,底筋伸进支座的长度为多少(　　)。

A.板厚　B.支座宽/2+5d　C.Max(支座宽/2,5d)　D.Max(板厚,120,墙厚/2)

二、完成工作日志

工作日志

<table>
<tr><td>时　　间</td><td>年　月　日</td><td>天气情况</td><td></td><td>记录人</td><td></td></tr>
<tr><td colspan="6">日　志　内　容</td></tr>
<tr><td rowspan="2">工作内容</td><td colspan="5">备忘事项：</td></tr>
<tr><td colspan="5">今日工作：</td></tr>
<tr><td rowspan="3">发现问题
的整改及
落实情况</td><td colspan="5">今日发现的问题：</td></tr>
<tr><td colspan="5">今日存在的安全隐患：</td></tr>
<tr><td colspan="5">整改及落实情况：</td></tr>
<tr><td>备注</td><td colspan="5"></td></tr>
</table>

项目五 剪力墙钢筋笼制作与模板安装实训

ITEM 5

一、项目要求

知识目标 熟悉结构施工图,做好剪力墙的钢筋绑扎和木模板安装的施工前准备。掌握剪力墙钢筋骨架绑扎的工艺要求、施工规范标准、验收要点。掌握木模板安装的工艺要求、施工规范标准、验收要点。

技能目标 掌握剪力墙钢筋骨架绑扎和模板安装的施工方法、施工技术。

素质目标 培养学生良好的职业素养,使学生养成工作认真负责的态度,具有团队意识、交流能力和妥善处理人际关系的能力,具有良好的职业道德和爱岗敬业精神,树立良好的职业道德意识。

时间要求 4课时。

质量要求 符合《混凝土结构工程施工质量验收规范》(GB 50204—2002)。

安全要求 遵守施工现场的安全规定。

文明要求 自觉按照文明生产规则进行项目作业。

环保要求 按照环境保护原则进行项目作业。

二、项目背景与分析

背景介绍

实训项目为某钢筋混凝土工程模型,抗震等级为四级,混凝土为C25,梁柱的混凝土保护层厚度为20mm,板的混凝土保护层厚度为15mm。该模型包含两根框架柱、三根框架梁、两块现浇板、一面剪力墙和一跑楼梯。实训工程结构施工图,如图5-1所示。

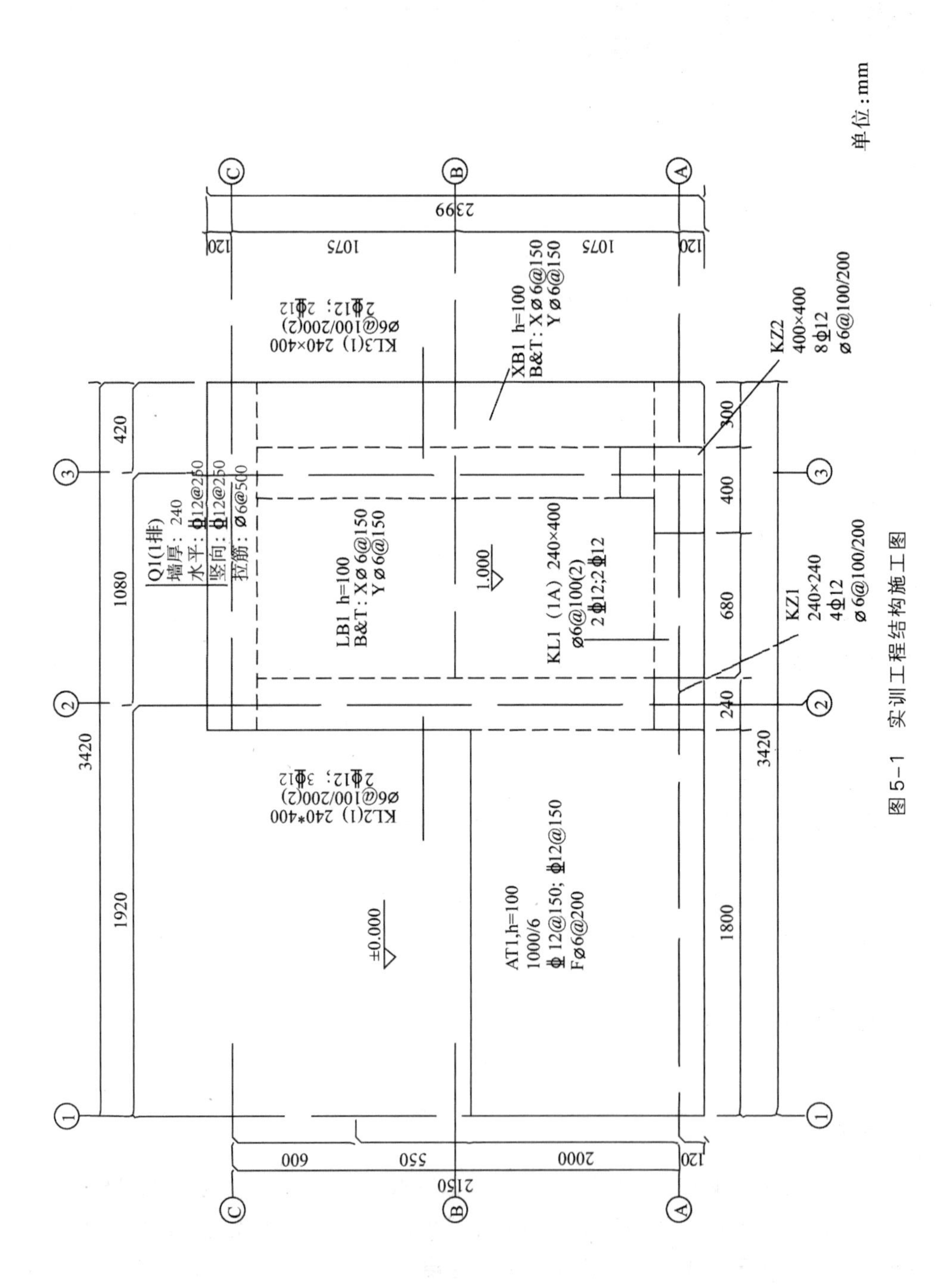

图 5-1 实训工程结构施工图

项目分析

实训模型中的剪力墙厚度为240mm。该剪力墙仅有墙身钢筋，为双排钢筋网，前后排钢筋网中竖向分布钢筋710Φ200，水平分布钢筋510Φ200。剪力墙平法标注如图5-2所示。

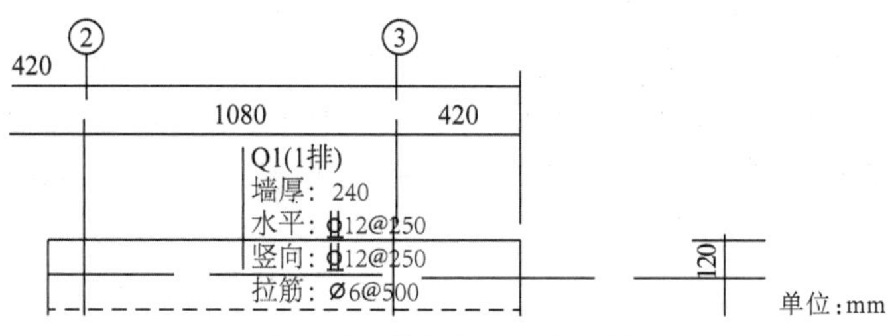

图5-2　剪力墙平法标注图

理论链接　剪力墙墙身平法施工图的识读

剪力墙墙身的平面表示方法：包括列表注写方式和截面注写方式。

一、列表注写方式

对应于剪力墙平面布置图上的编号，用绘制截面配筋图并注写几何尺寸与配筋具体数值方式，来表达剪力墙的平法施工图，如图5-3所示。

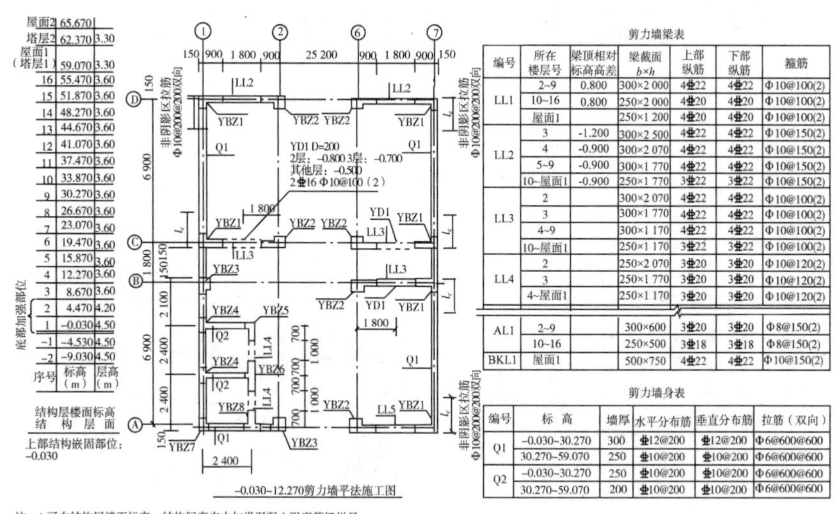

序号	标高（m）	层高（m）
屋面2	65.670	
塔层2	62.370	3.30
屋面1（塔层1）	59.070	3.30
16	55.470	3.60
15	51.870	3.60
14	48.270	3.60
13	44.670	3.60
12	41.070	3.60
11	37.470	3.60
10	33.870	3.60
9	30.270	3.60
8	26.670	3.60
7	23.070	3.60
6	19.470	3.60
5	15.870	3.60
4	12.270	3.60
3	8.670	3.60
2	4.470	4.20
1	-0.030	4.50
-1	-4.530	4.50
-2	-9.030	4.50

剪力墙梁表

编号	所在楼层号	梁顶相对标高高差	梁截面 $b×h$	上部纵筋	下部纵筋	箍筋
LL1	2~9	0.800	300×2 000	4Φ22	4Φ22	Φ10@100(2)
	10~16	0.800	250×2 000	4Φ20	4Φ20	Φ10@100(2)
	屋面1		250×1 200	4Φ20	4Φ20	Φ10@100(2)
LL2	3	-1.200	300×2 500	4Φ22	4Φ22	Φ10@150(2)
	4	-0.900	300×2 070	4Φ22	4Φ22	Φ10@150(2)
	5~9	-0.900	300×1 770	4Φ22	4Φ22	Φ10@150(2)
	10~屋面1	-0.900	250×1 770	3Φ22	3Φ22	Φ10@150(2)
LL3	2		300×2 070	4Φ22	4Φ22	Φ10@100(2)
	3		300×1 770	4Φ22	4Φ22	Φ10@100(2)
	4~9		300×1 170	4Φ22	4Φ22	Φ10@100(2)
	10~屋面1		250×1 170	3Φ22	3Φ22	Φ10@100(2)
LL4	2		250×2 070	3Φ20	3Φ20	Φ10@120(2)
	3		250×1 770	3Φ20	3Φ20	Φ10@120(2)
	4~屋面1		250×1 170	3Φ20	3Φ20	Φ10@120(2)
AL1	2~9		300×600	3Φ20	3Φ20	Φ8@150(2)
	10~16		250×500	3Φ18	3Φ18	Φ8@150(2)
BKL1	屋面1		500×750	4Φ22	4Φ22	Φ10@150(2)

剪力墙身表

编号	标高	墙厚	水平分布筋	垂直分布筋	拉筋（双向）
Q1	-0.030~30.270	300	Φ12@200	Φ12@200	Φ6@600@600
	30.270~59.070	250	Φ10@200	Φ10@200	Φ6@600@600
Q2	-0.030~30.270	250	Φ10@200	Φ10@200	Φ6@600@600
	30.270~59.070	200	Φ10@200	Φ10@200	Φ6@600@600

图5-3　剪力墙的列表注写方式示意图

1.墙身识图规则

剪力墙墙身表达内容有墙身编号,注写各段墙身的起止标高,注写墙身的水平分布筋、竖向分布筋和拉筋的数值。

2.墙身钢筋布置构造要求

(1)当墙身所设置的水平与竖向分布筋的排数为2时可不注。

(2)对于分布钢筋网的排数规定:当剪力墙厚度不大于400mm时,应配置双排,如图5-4所示。当剪力墙厚度大于400mm,但不大于700mm时,宜配置三排,如图5-5所示。当剪力墙厚度大于700mm时,宜配置四排,如图5-6所示。

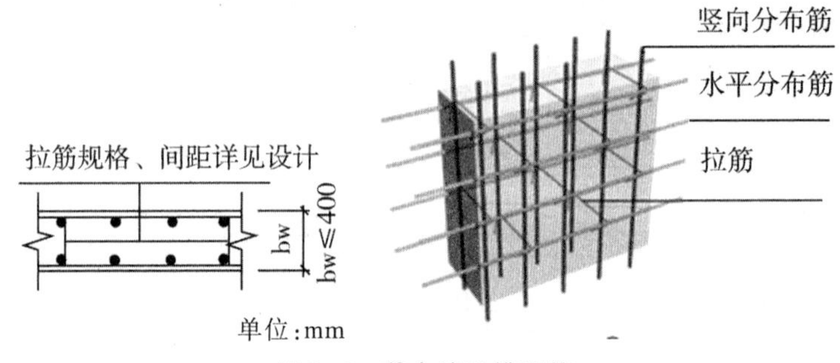

图5-4 剪力墙双排配筋

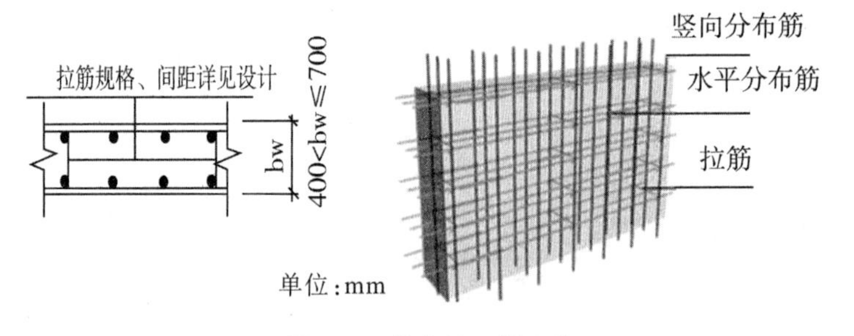

图5-5 剪力墙三排配筋

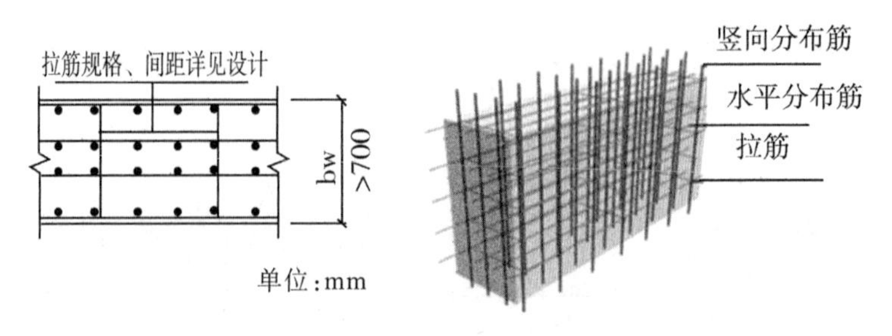

图5-6 剪力墙四排配筋

二、截面注写方式

截面注写(图5-7)是在剪力墙平面布置图上,以直接在墙身上注写截面尺寸和配筋具体数值的方式来表达剪力墙平法施工图。墙柱、墙身、墙梁的编号与剪力墙列表注写相关规定相同。

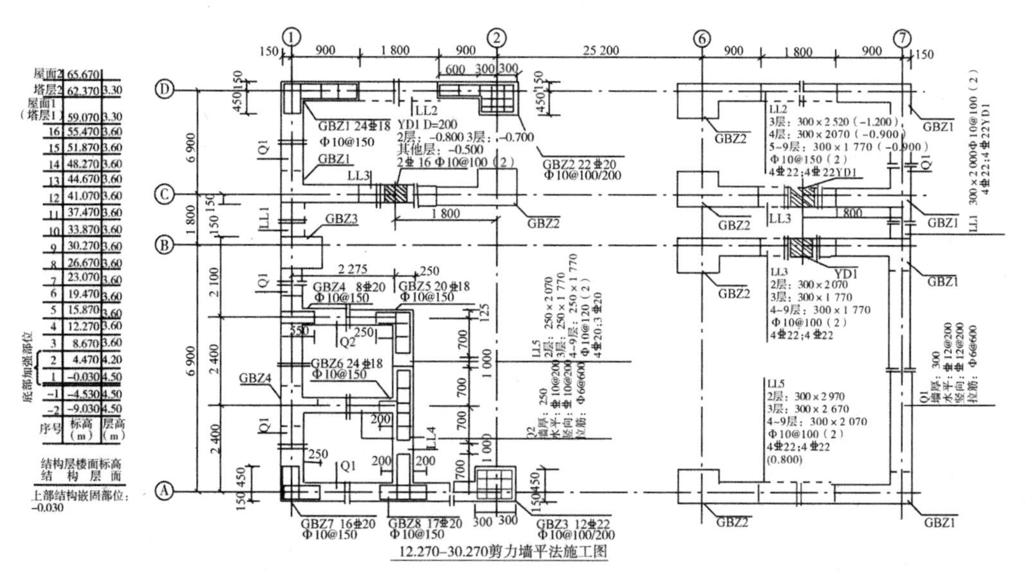

单位:mm

图5-7 剪力墙截面注写方式

注:剪力墙由剪力墙柱、剪力墙身和剪力墙梁三类构件构成,本实训工程中的剪力墙仅有剪力墙身,只介绍相关知识点部分。

三、项目实施的步骤

第一步 实训准备

人员准备

实训时分组进行,每组4人,分工见表5-1。

表 5-1　分工表

序号	工　种	人　数	管理任务
1	施工员	1	施工员岗位管理任务
2	安全质检员	1	安全质检员岗位管理任务
3	材料员	1	材料员岗位管理任务
4	资料员(监理员)	1	资料员(监理员)岗位管理任务

资料准备

实训指导书、剪力墙钢筋绑扎技术交底记录、剪力墙模板安装技术交底记录、《建筑施工技术》《钢筋混凝土工程验收标准》。

工具准备

①钢筋、②扎丝、③木模板、④方料、⑤铁钉、⑥钢筋钩子、⑦锤子、⑧安全帽、⑨手套、⑩断丝钳、⑪卷尺等。

第二步　钢筋下料

剪力墙钢筋下料长度公式为:

1. 墙身竖向钢筋计算

剪力墙竖向筋连接构造

中间层长度=层高+与上层钢筋搭接长度

根数=[(墙身净长度-竖向筋间距)/竖向筋间距+1]×排数

2. 墙身水平钢筋计算

长度:

墙端为暗柱且外侧钢筋连续通过

外侧钢筋长度=墙长-保护层

内侧钢筋=墙长-保护层+弯折

根数:

在基础部位布置间距小于等于500mm且不小于两道水平分布筋与拉筋。

楼层根数=(层高-50mm)/间距+1

3. 剪力墙拉筋计算

长度=(墙厚度-2×保护层)+1.9d×2+Max(75mm,10d)×2(d为拉筋直径)

根数=净墙面积/(间距×间距)=(墙面积-门窗洞总面积-暗柱所占面积-暗梁所占面积-连梁所占面积)/(横向间距×纵向间距)

剪刀墙钢筋下料单,见表5-2。

表5-2 剪力墙钢筋下料单

序号	钢筋位置	数量	单根长度	形 状	备注
1	Q1竖向钢筋				
2	Q1水平钢筋				
3	Q1拉筋				

第三步 钢筋绑扎

剪力墙(shear wall)又称抗风墙、抗震墙或结构墙。房屋或构筑物中主要承受风荷载或地震作用引起的水平荷载和竖向荷载(重力)的墙体,防止结构剪切(受剪)破坏。

剪力墙的钢筋骨架由竖向钢筋、水平钢筋和拉筋绑扎固定形成,钢筋笼的制作对于剪力墙的质量影响很大,制作出质量合格的钢筋笼是保证剪力墙质量合格的第一步。剪力墙钢筋笼模型图,如图5-8所示。

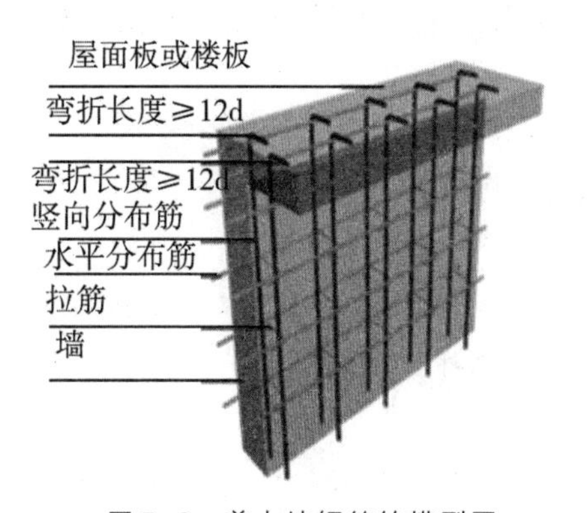

图5-8 剪力墙钢筋笼模型图

剪力墙的钢筋笼制作:

1. 根据配料单检查钢筋:竖向钢筋、水平钢筋、拉筋的规格与尺寸。

2. 摆放、绑扎竖向钢筋:注意竖向钢筋有两种尺寸规格,同一种尺寸规格的摆放成一个矩形钢筋,绑扎成7个宽度和长度一致的矩形,如图5-9所示。

图5-9　7个宽度和长度一致的矩形

3. 标出竖向钢筋间距并做标记

竖向钢筋两端各空出75mm,中间间距为200mm。

4. 标出横向钢筋间距并做标记

横向钢筋两端各空出75mm,中间间距为180mm。

5. 摆放、绑扎一侧横向钢筋

①横向钢筋与竖向钢筋应垂直,依次摆放好7个绑扎好的矩形竖向钢筋,在相应标记出处摆放横向钢筋,并绑扎牢固。

②绑扎时,相邻点扎丝方向成“八”字。

③扎丝端头不能剪断,并弯至剪力墙中心。

6. 连接剪力墙、梁

①将绑扎好一侧横向钢筋的剪力墙搁置到模型中相应位置。

②注意在搁置的时候,将绑扎好横向钢筋的一侧放在内侧,墙的两端与梁的两端平齐。

7. 绑扎另一侧横向钢筋,同5中要求

内外侧横向钢筋位于竖向钢筋的同一侧。

8. 摆放、绑扎拉筋

拉筋从第二排、第一列的交点处安装,每隔一排、一列放置一个。如图5-10所示。

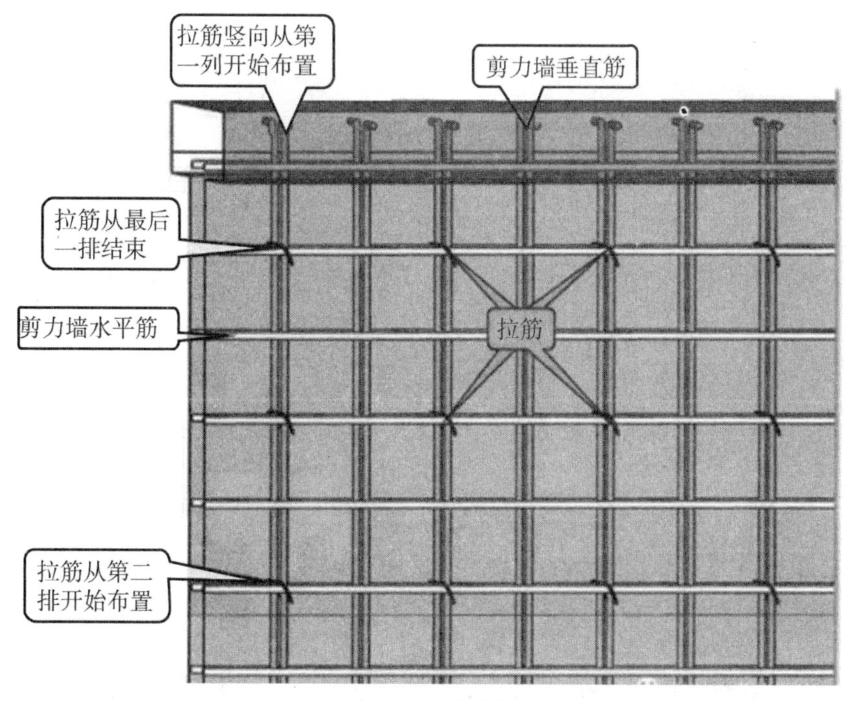

图5-10　拉筋图

9. 验收剪力墙钢筋骨架，填写质量验收单。

剪力墙钢筋绑扎具体流程如图5-11所示。

① 准备材料

② 标出竖向钢筋间距并做标记

③ 标出横向钢筋间距并做标记

④ 摆放、绑扎一侧横向钢筋

⑤ 连接剪力墙、梁

⑥ 绑扎另一侧横向钢筋

⑦ 摆放、绑扎拉筋

⑧ 检查验收

图 5-11　剪刀墙钢绑扎具体流程

钢筋绑扎任务开始于技术交底单的填写与组内讨论，结束于质量验收单的填写与讨论。组内成员经过对图纸的识读分析和钢筋下料的操作，对于钢筋骨架的组成已经掌握；通过对剪力墙钢筋笼绑扎工艺和质量验收标准的学习，初步了解操作流程要点和技术要求，在互相讨论的基础上完成技术交底单的填写，加强了对钢筋笼制作施工工艺的认识，有助于学生提高动手操作的熟练性。在该任务完成后填写质量验收单有助于学生发现自己操作过程的问题，思考解决的办法，并将验收标准熟练掌握。钢筋安装允许偏差及检验方法，见表5-3。技术交底记录，见表5-4。质量验收记录，见表5-5。

表5-3 钢筋安装允许偏差及检验方法

项目			允许偏差	检验方法	备注
绑扎钢筋网	长、宽		±10	钢尺检查	
	网眼尺寸		±20	钢尺量连续三档，取最大值	
绑扎钢筋骨架	长		±10	钢尺检查	
	宽、高		±5	钢尺检查	
受力钢筋	间距		±10	钢尺量两端、中间各一点，取最大值	
	排距		±5		
	保护层厚度	基础	±10	钢尺检查	
		柱、梁	±5	钢尺检查	
		板、墙、壳	±3	钢尺检查	
绑扎箍筋、横向钢筋间距			±20	钢尺量连续三档，取最大值	
钢筋弯起点位置			20	钢尺检查	
预埋件	中心线位置		5	钢尺检查	
	水平高差		±3,0	钢尺和塞尺检查	

表5-4　技术交底记录

工程名称　　　　　　　　　　　　施工单位

交底部位		工序名称	
交底提要	剪力墙钢筋绑扎的相关资料、机具准备、质量要求及施工工艺		
交底内容	一、施工图纸 材料员完成竖向钢筋、水平钢筋、拉筋的配料单 竖向钢筋： 水平钢筋： 拉筋： 二、材质要求 1. 钢筋有无锈蚀，弯曲 2. 竖向钢筋、水平钢筋、拉筋规格、形状、尺寸和数量是否有差错 3. 扎丝为未生锈的镀锌铁丝 施工前材料员检查材料是否满足要求并做记录 三、工器具 钢筋钩子、卷尺、断丝钳、粉笔、老虎钳等		

续表

交底部位		工序名称	
交底内容	四、操作工艺 1. 根据配料单检查钢筋：竖向钢筋、水平钢筋、拉筋的规格与尺寸 2. 摆放、绑扎竖向钢筋 注意竖向钢筋有两种尺寸规格，同一种尺寸规格的摆放成一个矩形钢筋，绑扎成7个宽度和长度一致的矩形 3. 标出竖向钢筋间距并做标记 竖向钢筋两端各空出75mm，中间间距为200mm 4. 标出横向钢筋间距并做标记 横向钢筋两端各空出75mm，中间间距为180mm 5. 摆放、绑扎一侧横向钢筋 横向钢筋与纵向钢筋应垂直，在横向钢筋的每个间距标记摆放一个绑扎好的竖向钢筋，并绑扎牢固 在竖向钢筋的每个标记处摆放一侧的横向钢筋，并绑扎牢固 扎丝端头不能剪断，并弯至剪力墙中心 6. 连接剪力墙、梁 将绑扎好一侧横向钢筋的剪力墙搁置到图纸规定位置 注意在搁置的时候，将绑扎好横向钢筋的一侧放在内侧，墙的两端与梁的两端平齐 7. 绑扎另一侧横向钢筋 注意横向钢筋两端需要绑扎牢固 8. 摆放、绑扎拉筋 拉筋从第二排、第一列的交点处摆放，每隔两排、两列放置一个 9. 验收剪力墙钢筋骨架，填写质量验收单		

专业技术负责人：　　　　交底人：　　　　接受人：

表 5-5　质量验收单

剪力墙钢筋工程验收记录表							
验收内容	允许偏差/mm	得分	检验方法	自评	互评	师评	备注
钢筋网长	±10	10	钢尺				
钢筋网宽	±10	10	钢尺				
钢筋网高	±10	10	钢尺				
纵筋位置		10	查看				
拉筋位置		10	查看				

续表

剪力墙钢筋工程验收记录表							
验收内容	允许偏差/mm	得分	检验方法	自评	互评	师评	备注
拉筋间距	±10	10	钢尺,连续三档				
扎丝牢固		10	查看				
保护层	±5	10	钢尺				
工完场清		10	查看				
综合印象		10	观察				
合计		100					

第四步　模板安装

混凝土具有流动性,浇筑后需要在模具内养护成型。剪力墙的钢筋骨架完成后需要按照图纸要求在钢筋骨架外侧安装模板,作为硬化过程中进行防护和养护的工具,保证混凝土在浇筑的过程中保持正确的形状和尺寸。

剪力墙模板包括两部分:模板(侧模)、紧固件(穿墙螺栓)。如图5-12所示。

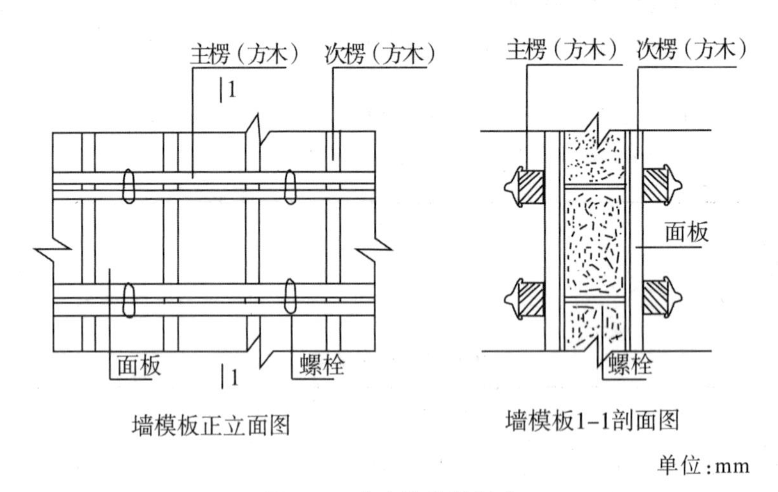

图5-12　剪力墙模板组成

模板的种类繁多,可以使用木模板,竹模板,胶合板模板和钢模板。本次实训中使用了胶合板模板,并且已经配模成型。

剪力墙模板安装的施工工艺：

检查模板—模板就位—模板固定—安装穿墙螺栓—检查验收。

剪力墙模板安装流程：

实训中剪力墙模板配料已经完成如图5-13所示。

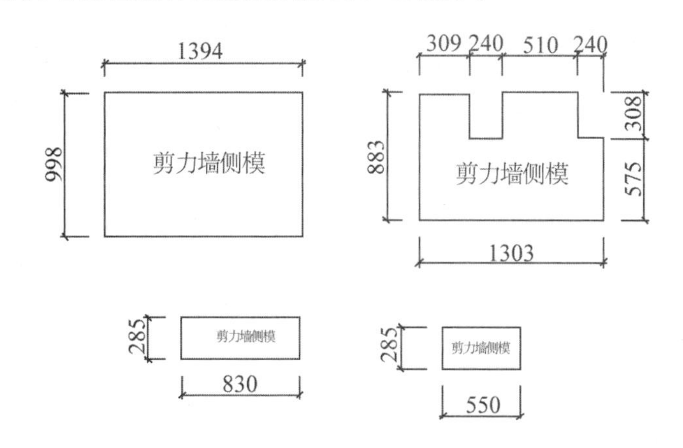

图5-13　剪力墙木模配模图

1. 检查模板。用钢卷尺检查四块模板尺寸，目测有无损坏。清理干净模板两面杂物。

2. 剪力墙内模与KL2、KL3连接，检查梁底模与剪力墙内模边缘平齐后，用圆钉将模板固定。

3. 安装剪力墙钢筋笼（参照剪力墙钢筋绑扎方法）。

4. 摆放剪力墙外模,安装穿墙螺栓。

注意:从每个模板上的孔洞插入穿墙螺栓,内模与外模之间搁置 $\phi 20\times 240$ 的PVC管。

5. 用圆钉将两侧模板临时固定,检查垂直度和尺寸后钉牢固。检查方木加固模板。

6. 检查验收。按照模板验收要求对剪力墙模板进行验收,完成验收记录表。

附:模板加工制作允许偏差(表5-6)与模板安装允许偏差和检验方法(表5-7),并完成技术交底记录(表5-8)和质量验收记录(表5-9)。

表5-6　模板加工制作允许偏差

项次	项目名称	允许偏差/mm	检查方法
1	板面平整	2	用2m靠尺、塞尺检查
2	模板高度	+3 −5	用钢尺检查
3	模板宽度	+0 −1	用钢尺检查
4	对角线长	±4	对角拉线用直尺检查
5	模板边平直	2	拉线用直尺检查
6	模板翘曲	L / 1000	放在平台上,对角拉线用直尺检查
7	孔眼位置	±2	用钢尺检查

表5-7　模板安装允许偏差和检查方法

<table>
<tr><th>项次</th><th colspan="2">项　目</th><th>允许偏差/mm</th><th>检查方法</th></tr>
<tr><td rowspan="2">1</td><td rowspan="2">轴线位移</td><td>基础</td><td>5</td><td rowspan="2">尺量</td></tr>
<tr><td>柱、墙、梁</td><td>3</td></tr>
<tr><td>2</td><td colspan="2">标高</td><td>±3</td><td>水准仪或拉线尺量</td></tr>
<tr><td rowspan="2">3</td><td rowspan="2">截面尺寸</td><td>基础</td><td>±5</td><td rowspan="2">尺量</td></tr>
<tr><td>柱、墙、梁</td><td>±2</td></tr>
<tr><td>4</td><td colspan="2">每层垂直度</td><td>3</td><td>2m托线板</td></tr>
<tr><td>5</td><td colspan="2">相邻两板表面高低差</td><td>2</td><td>直尺、尺量</td></tr>
<tr><td>6</td><td colspan="2">表面平整度</td><td>2</td><td>2m靠尺、楔形塞尺</td></tr>
<tr><td rowspan="2">7</td><td rowspan="2">阴阳角</td><td>方正</td><td>2</td><td>方尺、楔形塞尺</td></tr>
<tr><td>顺直</td><td>2</td><td>5m线尺</td></tr>
<tr><td>8</td><td>预埋铁件、预埋管、螺栓</td><td>中心线位移</td><td>2</td><td>拉线、尺量</td></tr>
</table>

续表

<table>
<tr><th>项次</th><th colspan="2">项 目</th><th>允许偏差/mm</th><th>检查方法</th></tr>
<tr><td rowspan="2"></td><td rowspan="2"></td><td>螺栓中心线位移</td><td>2</td><td rowspan="2"></td></tr>
<tr><td>螺栓外露长度</td><td>+10,−0</td></tr>
<tr><td rowspan="2">9</td><td rowspan="2">预留孔洞</td><td>中心线位移</td><td>5</td><td rowspan="2">拉线、尺量</td></tr>
<tr><td>内孔洞尺寸</td><td>+5,−0</td></tr>
<tr><td rowspan="3">10</td><td rowspan="3">门窗洞口</td><td>中心线位移</td><td>3</td><td rowspan="3">拉线、尺量</td></tr>
<tr><td>宽、高</td><td>±5</td></tr>
<tr><td>对角线</td><td>6</td></tr>
</table>

表 5-8 技术交底记录

<table>
<tr><td>施工单位</td><td colspan="3"></td></tr>
<tr><td>工程名称</td><td></td><td>分部工程</td><td></td></tr>
<tr><td>交底部位</td><td></td><td>日 期</td><td>年 月 日</td></tr>
<tr><td>交
底
内
容</td><td colspan="3">一、模板安装操作工艺(学生完成)

二、质量检查验收要点(学生完成)

三、应注意的安全问题
1. 进入施工现场必须带好安全帽
2. 不得踩踏钢筋笼和模板
3. 模板支撑不得使用腐朽、扭裂、劈裂的材料,顶撑要垂直,底端平整坚实,并加垫木,木楔要钉牢并用拉杆拉牢
4. 模板未支牢固不准离开,如离开得有专人看护
5. 拆除模板应经施工技术人员同意,操作时应按顺序分段进行,严禁猛撬、硬砸或大面积撬落和拉倒,完工前,不得留下松动和悬挂的模板,拆下的模板应及时运送到指定地点集中堆放</td></tr>
</table>

专业技术负责人: 交底人: 接受人:

表 5-9　质量验收记录

剪力墙模板工程验收记录表							
验收内容	允许偏差/mm	得分	检验方法	自评	互评	师评	备注
轴线偏移	±3	10	钢尺				
截面尺寸长	±2	10	钢尺				
截面尺寸宽	±2	10	钢尺				
垂直度	3	10	钢尺				
阴阳角	2	10	查看				
表面平整	2	10	查看				
牢固		15	查看				
安全性		15	查看				圆钉不可外露
工完场清		5	查看				
综合印象		5	观察				
合计		100					

四、项目实施

劳动组织形式　本项目实施中，对学生进行分组，学生4人成一个工作小组。各小组施工前制定出技术交底记录，组长作为技术指导负责人，协助教师参与指导本组学生学习，检查项目实施进程和质量，制定改进措施，共同完成项目任务。任务分配，见表5-10。

表 5-10　任务分配表

序号	各组成员组成	成员工作职责	实施人	备注
1	任务准备	1. 图纸 2. 建筑施工技术(教材) 3. 钢筋混凝土工程质量验收规范 4. 工具	全组成员	
2	过程实施	1. 钢筋下料 2. 钢筋绑扎 3. 安装模板 4. 验收检查	全组成员	
3	交流改进	1. 进度检查 2. 质量检查 3. 改进措施	组长	
4	评价总结	各小组自评、互评	全组成员	

所需设备与器件

完整施工图一套、各类信息表、绘图工具等。

项目评价

按时间、质量、安全、文明、环保要求进行考核。首先学生按照表5-11项目考核评分，先自评，在自评的基础上，由本组的同学互评，最后由教师进行总结评分。

表5-11　项目考核评价表

姓名：　　　　　　　　　　　　　　　　　　　　　　　　　　总分：

序号	考核项目	考核内容及要求	评分标准	配分	学生自评	学生互评	教师考评	得分
1	时间要求	200分钟	不按时无分	30				
2	质量要求	钢筋下料	与下料单不符，每错一个扣1分	10				
		钢筋绑扎	按验收要求，每错一个扣1分	15				
		模板安装	按验收要求，每错一个扣1分	15				
3	安全要求	遵守安全操作规程	不遵守酌情扣1—5分	5				
4	文明要求	遵守文明生产规则	不遵守酌情扣1—5分	5				
5	环保要求	遵守环保生产规则	不遵守酌情扣1—5分	5				

注：如出现重大安全、文明、环保事故，及损坏设备，本项目考核记为0分。

五、项目实施过程中可能出现的问题及对策

问　题

在剪力墙钢筋模板的实训过程中，有两个问题容易出现：

1. 穿墙螺栓PVC安置情况；

2. 剪力墙钢筋笼绑扎过程中拉筋的位置，以及横向钢筋与竖向钢筋的相对位置。

解决措施

结合图纸和实物参照进行讲解示范，掌握原因，再操作就可以不再出错。

课后练习

一、选择题

1.剪力墙按构件类型分，包含哪几类(　　)。

A.墙身　　B.墙柱　　C.墙梁　　D.墙角

2.当模板安装高度超过(　　)时，必须搭设脚手架，除操作员外，脚手架下不得站其他人。

A.2m　　B.3m　　C.4m　　D.5m

3.剪力墙端部为暗柱时，内侧钢筋伸至墙边弯折长度为(　　)。

A.10d　　B.12d　　C.150　　D.250

4.模板支设正确的是(　　)。

A.模板工程不需要编制专项施工方案

B.模板结构要进行强度、刚度和稳定性计算

C.模板内石子可以不清理

D.5米跨度以内模板不需要起拱

5.剪力墙墙身拉筋长度公式为(　　)。

A.长度=墙厚-2×保护层+11.9d×2

B.长度=墙厚-2×保护层+10d×2

C.长度=墙厚-2×保护层+8d×2

D.长度=墙厚-2×保护层+6d×2

6.拆装方便、通用性强、周转率高的模板是(　　)。

A.滑升模板　　B.组合钢模板　　C.大模板　　D.爬升模板

7.剪力墙模板支设下列说法符合规定的是(　　)。

A.当采用散拼定型模板支模板时,应自下而上进行,必须在下一层模板全部紧固后,方可进行上一层安装。当下层不能独立安装支撑件时,应采取临时固定措施

B.当采用预拼装的大块墙模板进行支模板安装时,严禁同时起吊2块模板,并应对边就位、边校正、边连接,固定后方可摘钩

C.模板未安装对拉螺栓前,板面应向后倾一定角度

D.对拉螺栓与墙模板应垂直,松紧应一致,墙厚尺寸应正确

8.剪力墙水平分布筋在基础部位怎样设置(　　)。

A.在基础部位应布置不小于两道水平分布筋和拉筋

B.水平分布筋在基础内间距应小于等于500mm

C.水平分布筋在基础内间距应小于等于250mm

D.基础部位内不应布置水平分布筋

9.下面关于剪力墙竖向钢筋构造的描述,错误的是(　　)。

A.剪力墙竖向钢筋采用搭接时,必须在楼面以上≥500mm时搭接

B.剪力墙竖向钢筋采用机械连接时,没有非连接区域,可以在楼面处连接

C.三、四级抗震剪力墙竖向钢筋可在同一部位搭接

D.剪力墙竖向钢筋顶部构造为到顶层板底伸入一个锚固值Lae

10.剪力墙墙身钢筋有几种(　　)。

A.水平筋　　B.竖向筋　　C.拉筋　　D.洞口加强筋

二、完成工作日志

工作日志

时　间	年　月　日	天气情况		记录人	
日　志　内　容					
工作内容	备忘事项:				

续表

<table>
<tr><td>时　　间</td><td>年　月　日</td><td>天气情况</td><td></td><td>记录人</td><td></td></tr>
<tr><td></td><td colspan="5">今日工作：</td></tr>
<tr><td rowspan="3">发现问题的整改及落实情况</td><td colspan="5">今日发现的问题：</td></tr>
<tr><td colspan="5">今日存在的安全隐患：</td></tr>
<tr><td colspan="5">整改及落实情况：</td></tr>
<tr><td>备注</td><td colspan="5"></td></tr>
</table>

三、拓展题

通过网络查询、请教身边的建筑同行或者查阅书籍，了解目前工地上的模板工程施工技术的发展情况，完成1000字左右的论文。

项目六 楼梯钢筋笼制作与模板安装实训

ITEM 6

一、项目要求

知识目标 熟悉结构施工图，做好现浇混凝土楼梯的钢筋网绑扎和木模板安装的施工前准备。掌握楼梯钢筋网绑扎的工艺要求、施工规范标准和验收要点。掌握木模板安装的工艺要求、施工规范标准、验收要点、拆模要领以及顺序。

技能目标 掌握楼梯钢筋网绑扎和模板安装的施工方法、施工技术。

素质目标 培养学生良好的职业素养，使学生养成工作认真负责的态度，具有团队意识和交流能力，妥善处理人际关系的能力，具有良好的职业道德和爱岗敬业精神，树立良好的职业道德意识。

时间要求 6课时。

质量要求 符合《混凝土结构工程施工质量验收规范》(GB 50204—2002)。

安全要求 遵守施工现场的安全规定。

文明要求 自觉按照文明生产规则进行项目作业。

环保要求 按照环境保护原则进行项目作业。

二、项目背景与分析

背景介绍

实训项目为某钢筋混凝土工程模型，抗震等级为四级，混凝土为C25，梁柱的混凝土保护层厚度为20mm，板的混凝土保护层厚度为15mm。该模型包含两根框架柱、三根框架梁、两块现浇板、一面剪力墙和一跑楼梯。实训工程结构施工图，如图6-1所示。

单位：mm

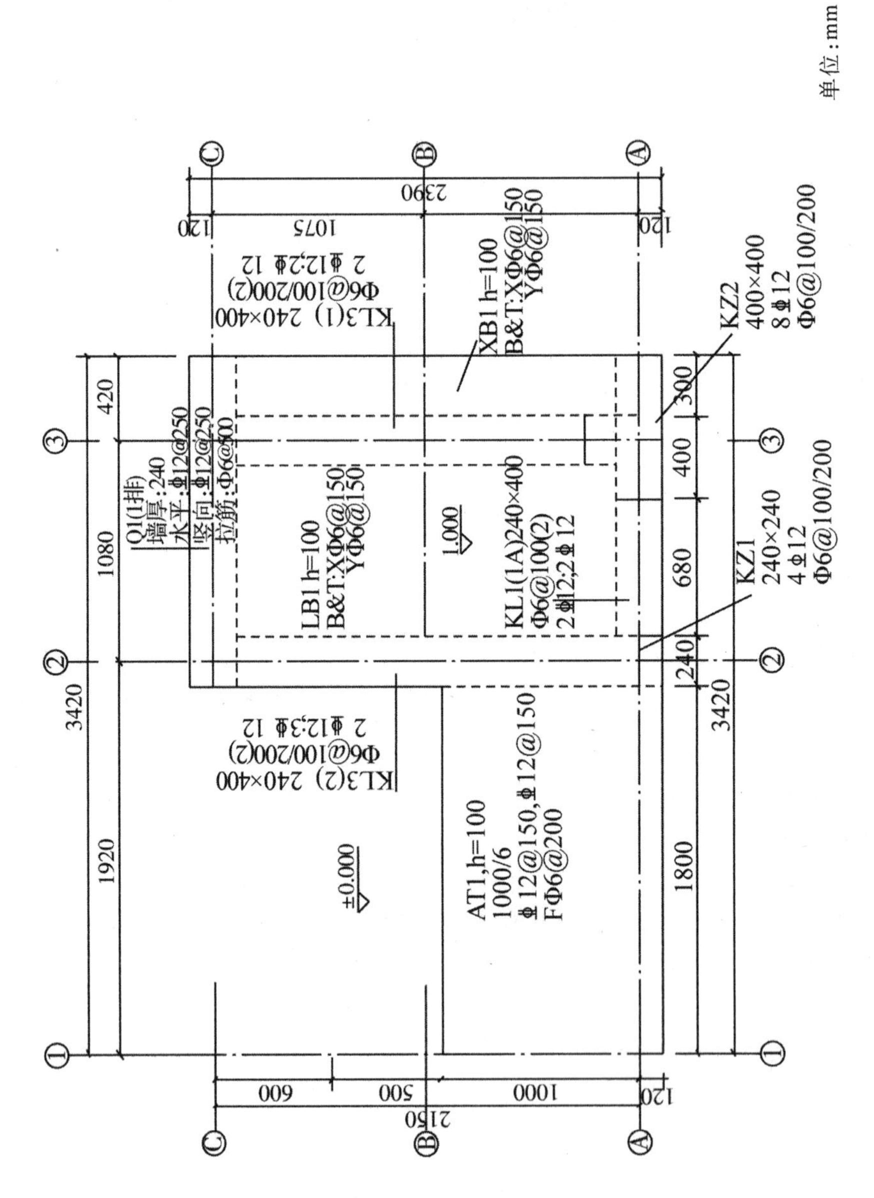

图 6-1　实训工程结构施工图

项目分析

实训模型中的楼梯为0.000—1.000梯段，楼梯类型为AT型，梯板编号为1，梯板厚度100mm，踏步总高为1000mm，踏步数为6。该梯板内的钢筋配置为上下两层布筋，如图6-2所示：面层受力筋为Φ12@150，分布筋为Φ6@200；底层受力筋为Φ12@150，分布筋为Φ6@200；设4处Φ12马凳筋。

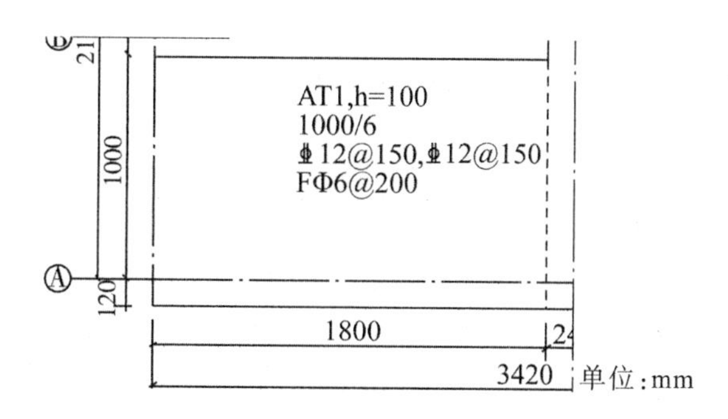

图6-2 梯板钢筋配置图

理论链接 楼梯平法识图规则

现浇混凝土板式楼梯平法施工图有平面注写、剖面注写和列表注写三种表达方式。

楼梯平面注写方式，是在楼梯平面布置图上注写截面尺寸和配筋具体数值的方式来表达楼梯施工图，包括集中标注和外围标注。

楼梯集中标注的有关内容有五项，具体规定如下。

(1)梯板类型代号与序号，如AT××。

(2)梯板厚度，注写为h=×××。当为带平板的梯板且梯段板厚度和平板厚度不同时，可在梯段板厚度后面括号内以字母P打头注写平板厚度。

(3)梯板支座上部纵筋，下部纵筋之间以“;”分隔。

(4)梯板分布筋，以F打头注写分布钢筋具体值，该项也可在图中统一说明。

楼梯外围标注的内容，包括楼梯间的平面尺寸、楼层结构标高、层间结构标高、楼梯的上下方向、梯板的平面几何尺寸、平台板配筋、梯梁及梯柱配筋等。

三、项目实施的步骤

第一步 实训准备

人员准备

实训时分组进行,每组4人,分工如表6-1所示。

表6-1 分工表

序号	工 种	人 数	管理任务
1	施工员	1	施工员岗位管理任务
2	安全质检员	1	安全质检员岗位管理任务
3	材料员	1	材料员岗位管理任务
4	资料员(监理员)	1	资料员(监理员)岗位管理任务

资料准备

实训指导书、楼梯钢筋绑扎技术交底记录、楼梯模板安装技术交底记录、《建筑施工技术》《钢筋混凝土工程验收标准》。

工具准备

①钢筋、②扎丝、③木模板、④方料、⑤铁钉、⑥钢筋钩子、⑦锤子、⑧安全帽、⑨手套、⑩断丝钳、⑪卷尺等。

第二步 钢筋下料验收

楼梯钢筋下料长度公式为:

底层受力筋:

长度L=梯板投影净长×斜段系数+伸入左支座内长度MAX(5d,0.5×支座宽×斜段系数)

根数N=(梯板净宽-保护层×2)/受力筋间距+1

面层受力筋:

长度L=梯板投影净长×斜段系数+Max[$0.35l_{ab}$,(高端支座宽-保护层厚度)×斜段系数]+15d+Max[$0.35l_{ab}$,(高端支座宽-保护层厚度)×斜段系数]+15d-弯曲调整值

根数N=(梯板净宽-保护层×2)/受力筋间距+1

分布筋：

长度L＝梯板净宽－保护层×2＋弯钩×2

根数N＝(梯板投影净跨×斜段系数-起步距离×2)/分布筋间距＋1

☞ **任务一：根据下料单(表6-2)进行楼梯钢筋的验收，完成表6-3.**

实训中楼梯的钢筋已经下料弯制完成，学生的任务是根据给定的下料单和钢筋加工的验收要求(表6-4)完成钢筋的验收，为钢筋网绑扎做好准备，完成技术交底记录(表6-5)和验收单(表6-6)的填写。

表6-2 楼梯钢筋下料单

序号	钢筋位置	数量	单根长度	形 状	备注
1	底层受力筋	6			
2	面层受力筋	6			
3	分布筋	14			
4	马凳筋	4			

表6-3 楼梯钢筋验收单

项目	数量	尺寸	允许偏差(mm)	检验方法
底层受力钢筋尺寸			±10	钢尺检查
面层受力钢筋尺寸			±10	钢尺检查
分布筋尺寸			±10	钢尺检查
马凳筋尺寸			±5	钢尺检查

理论链接 楼梯类型

板式楼梯包含12种类型，即AT、BT、CT、DT、ET、FT、GT、ATa、ATb、ATc、CTa、CTb。

AT-ET型板式楼梯代表一段带上下支座的梯板。梯板可包括低端平板、高端平板以及中位平板。AT型楼梯全部由踏步段构成；BT型楼梯由低端平板和踏步段构成；CT型楼梯由踏步段和高端平板构成；DT型楼梯由底端平板、踏步段和高端平板构成；ET型楼梯由低端踏步段、中位平板和高端踏步段构成。

FT型楼梯由层间平板、踏步段和楼层平板构成，GT型楼梯由层间平板和踏步段构成。

第三步 钢筋绑扎

现浇钢筋混凝土板式楼梯钢筋配置为双层钢筋网，面层和底层的钢筋网分别由受力筋和分布筋构成，底层钢筋绑扎时受力筋在下，分布筋在上；面层钢筋中受力筋与分布筋的位置恰好与底层相反，分布筋在下，受力筋在上。两层钢筋网之间通过马凳筋控制距离，确保梯板的厚度。

梯板的钢筋绑扎工艺：

清理模板—模板上标记受力筋与分布筋位置—绑板底层钢筋—架马凳筋—绑板面层钢筋→加垫块、调整马凳筋和钢筋—验收。

1. 根据配料单检查钢筋：纵筋的规格与尺寸；分布筋的规格与尺寸。配筋如图6-3所示。

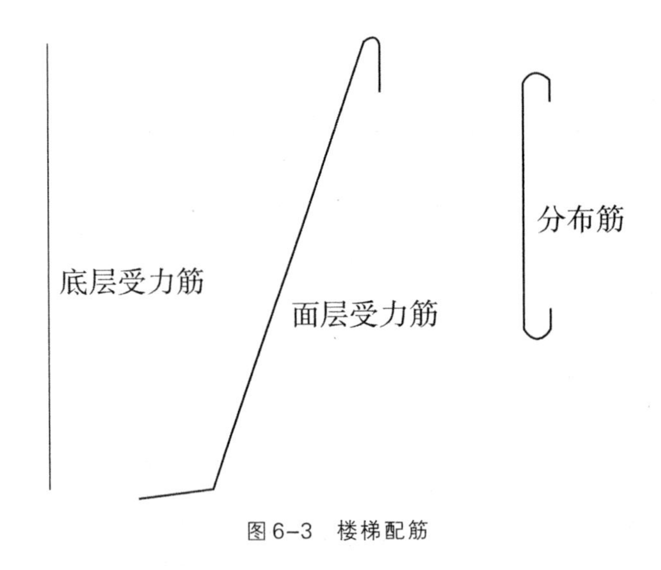

图6-3 楼梯配筋

2. 清理梯板底模，确保无杂物，无损坏。

3. 用粉笔在模板上画线，受力筋和分布筋的位置线都需要画出来。受力筋的起步距离为50mm，左右两侧距离侧模边各50mm，受力筋间距150mm；分布筋的起步距离MIN(50，200/2)＝50mm，间距为200mm。

4. 按照画线摆放好底层受力筋和分布筋，依次绑扎好。

①满绑，每个交点均应绑扎。

②相邻绑扎点的铁丝扣要成“八”字形，以免网片变形歪斜。

③扎丝端头不能剪断，并弯向板内。

④受力筋在下，分布筋在上。

5. 板上下钢筋之间要放置马凳，以保证上下层钢筋的排距。

马凳采用受力筋同级钢筋制作，马凳筋如图6-4所示。

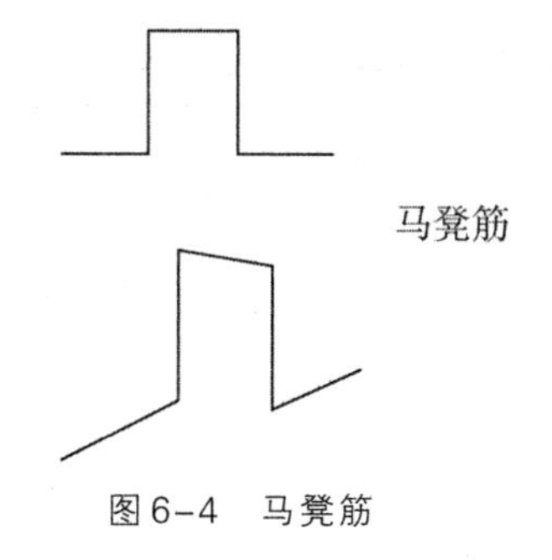

图6-4 马凳筋

6. 绑扎面层钢筋,注意受力筋和分布筋位置与底层相反。

7. 在底层钢筋下放置钢筋保护层垫块。

①保护层厚度为15mm,选择合适的垫块。

②垫块按600mm×600mm间距梅花形布置。

8. 验收楼梯钢筋网,填写质量验收单。

理论链接 AT型楼梯板配筋构造

AT型楼梯的适用条件为两梯梁之间的矩形梯板全部由踏步段构成,即踏步段两端均以梯梁为支座。如图6-5所示。

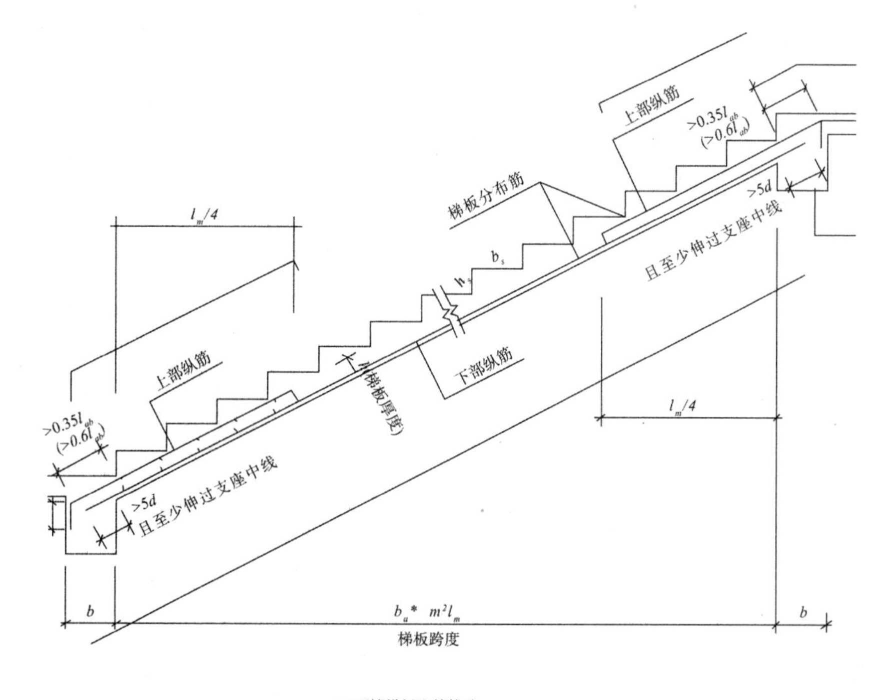

图6-5 AT型楼梯板配筋构造

表6-4 钢筋安装允许偏差及检验方法

项 目			允许偏差/mm	检验方法	备注
绑扎钢筋网	长、宽		±10	钢尺检查	
	网眼尺寸		±20	钢尺量连续三档,取最大值	
受力钢筋	间距		±10	钢尺量两端、中间各一点,取最大值	
	排距		±5		
	保护层厚度	基础	±10	钢尺检查	
		柱、梁	±5	钢尺检查	
		板、墙、壳	±3	钢尺检查	
钢筋上下位置				目测	
预埋件	中心线位置		5	钢尺检查	
	水平高差		±3,0	钢尺和塞尺检查	

表6-5 技术交底记录

工程名称　　　　　　　　　　　　　　施工单位

<table>
<tr><td>交底部位</td><td></td><td>工序名称</td><td></td></tr>
<tr><td>交底提要</td><td colspan="3">楼梯钢筋绑扎的相关资料、机具准备、质量要求及施工工艺</td></tr>
<tr><td>交底内容</td><td colspan="3">一、施工图纸

二、材质要求
1. 钢筋有无锈蚀，弯曲
2. 受力筋、分布筋规格、形状、尺寸和数量是否有差错
3. 扎丝为未生锈的镀锌铁丝
4. 混凝土保护层垫块为高度15的垫块
施工前材料员检查材料是否满足要求并做记录

三、工器具
钢筋钩子、卷尺、断丝钳、粉笔、老虎钳等

四、操作工艺
1. 根据配料单检查钢筋：纵筋的规格与尺寸，分布筋的规格与尺寸
2. 清理梯板底模，确保无杂物，无损坏。
3. 用粉笔在模板上画线，受力筋和分布筋的位置线都需要画出来。受力筋的起步距离为50mm，左右两侧距离侧模边各50mm，受力筋间距150mm；分布筋的起步距离MIN(50,200/2)=50mm，间距为200mm
4.（学生完成）

5.（学生完成）

6. 绑扎面层钢筋，注意受力筋和分布筋位置与底层相反
7. 在底层钢筋下放置钢筋保护层垫块
保护层厚度为15mm，选择合适的垫块
垫块按600mm×600mm间距梅花形布置
8. 验收楼梯钢筋网，填写质量验收单</td></tr>
</table>

专业技术负责人：　　　　　　　交底人：　　　　　　接受人：

表6-6 质量验收单

柱钢筋工程验收记录表							
验收内容	允许偏差/mm	得分	检验方法	自评	互评	师评	备注
钢筋网长	±10	10	钢尺				
钢筋网宽	±10	10	钢尺				
钢筋网高	±10	10	钢尺				
纵筋位置		10	查看				
箍筋弯钩		10	查看				
箍筋间距	±10	10	钢尺,连续三档				
扎丝牢固		10	查看				
保护层	±5	10	钢尺				
工完场清		10	查看				
综合印象		10	观察				
合计		100					

第四步 模板安装

混凝土具有流动性,浇筑后需要在模具内养护成型。楼梯的钢筋骨架完成后需要按照图纸要求在钢筋骨架外侧安装模板,作为硬化过程中进行防护和养护的工具,保证混凝土在浇筑的过程中保持正确的形状和尺寸。

楼梯模板包括三部分:底模、侧模、踏步板、反三角木和紧固件(步步紧),如图6-6所示。

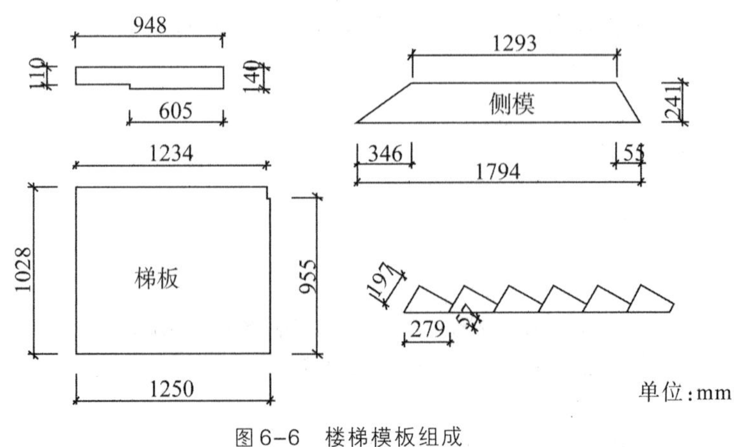

图6-6 楼梯模板组成

楼梯模板安装的施工工艺：

检查模板—安装底模—安装侧模—安装踏步板—安装反三角木—加固侧模和反三角木—检查验收。

楼梯模板安装流程：

1. 检查模板。检查各模板，目测有无损坏。如有破损，需考虑在安装时采取相应措施。清理干净模板两面的杂物。

2. 安装梯板的底模。在KL3梁侧模预留的缺口处，装上底模，要求底模上边与梁侧模的上边齐平，在底模上钉两根铁钉固定。

3. 安装侧模。区分开两块侧模（加固木放在模板的外侧）；侧模板底边与底模的边线靠齐，侧模的上部竖边与梁的侧模对齐，用铁钉固定。由于模板的反复使用，与KL1梁侧模连接处直接铁钉固定，装钉困难，可借助一块寸头板将楼梯侧模和梁侧模固定住。

4. 安装第一块踏步板。楼梯的上下层钢筋网都完成后，安装第一块踏步板。保证竖直，顶端与梁模顶端平齐。

5. 安装反三角木。反三角木的上端固定在上步中的踏步板上，整个反三角木基本位于楼梯的中间位置。

6. 安装其他踏步板。保证与反三角木卡口连接严实，同时保证竖直度。

7. 安装步步紧加固。在侧模和反三角木之间安装步步紧，每一踏步左右各一道步步紧，保证牢固。

8. 检查验收。按照模板验收要求对楼梯模板进行验收，完成验收记录表。

附：模板加工制作允许偏差（表6-7）与模板安装允许偏差和检验方法（表6-8），并完成技术交底记录（表6-9）和质量验收记录（表6-10）。

表6-7 模板加工制作允许偏差

项次	项目名称	允许偏差/mm	检查方法
1	板面平整	2	用2m靠尺、塞尺检查
2	模板高度	+3 −5	用钢尺检查
3	模板宽度	+0 −1	用钢尺检查
4	对角线长	±4	对角拉线用直尺检查
5	模板边平直	2	拉线用直尺检查
6	模板翘曲	L / 1000	放在平台上，对角拉线用直尺检查
7	孔眼位置	±2	用钢尺检查

表6-8 模板安装允许偏差和检查方法

<table>
<tr><th>项次</th><th colspan="2">项 目</th><th>允许偏差/mm</th><th>检查方法</th></tr>
<tr><td rowspan="2">1</td><td rowspan="2">轴线位移</td><td>基础</td><td>5</td><td rowspan="2">尺量</td></tr>
<tr><td>柱、墙、梁</td><td>3</td></tr>
<tr><td>2</td><td colspan="2">标高</td><td>±3</td><td>水准仪或拉线尺量</td></tr>
<tr><td rowspan="2">3</td><td rowspan="2">截面尺寸</td><td>基础</td><td>±5</td><td rowspan="2">尺量</td></tr>
<tr><td>柱、墙、梁</td><td>±2</td></tr>
<tr><td>4</td><td colspan="2">每层垂直度</td><td>3</td><td>2m托线板</td></tr>
<tr><td>5</td><td colspan="2">相邻两板表面高低差</td><td>2</td><td>直尺、尺量</td></tr>
<tr><td>6</td><td colspan="2">表面平整度</td><td>2</td><td>2m靠尺、楔形塞尺</td></tr>
<tr><td rowspan="2">7</td><td rowspan="2">阴阳角</td><td>方正</td><td>2</td><td>方尺、楔形塞尺</td></tr>
<tr><td>顺直</td><td>2</td><td>5m线尺</td></tr>
<tr><td rowspan="3">8</td><td rowspan="3">预埋铁件、预埋管、螺栓</td><td>中心线位移</td><td>2</td><td rowspan="3">拉线、尺量</td></tr>
<tr><td>螺栓中心线位移</td><td>2</td></tr>
<tr><td>螺栓外露长度</td><td>+10,−0</td></tr>
<tr><td rowspan="2">9</td><td rowspan="2">预留孔洞</td><td>中心线位移</td><td>5</td><td rowspan="2">拉线、尺量</td></tr>
<tr><td>内孔洞尺寸</td><td>+5,−0</td></tr>
<tr><td rowspan="3">10</td><td rowspan="3">门窗洞口</td><td>中心线位移</td><td>3</td><td rowspan="3">拉线、尺量</td></tr>
<tr><td>宽、高</td><td>±5</td></tr>
<tr><td>对角线</td><td>6</td></tr>
</table>

表6-9 技术交底记录

<table>
<tr><td>施工单位</td><td colspan="3"></td></tr>
<tr><td>工程名称</td><td></td><td>分部工程</td><td></td></tr>
<tr><td>交底部位</td><td></td><td>日 期</td><td>年 月 日</td></tr>
<tr><td>交底内容</td><td colspan="3">一、楼梯模板拼装图</td></tr>
</table>

续表

<table>
<tr><td>交
底
内
容</td><td>二、模板安装操作工艺
楼梯模板安装流程：
1. 检查模板。检查各模板，目测有无损坏。如有破损，需考虑在安装时采取相应措施。清理干净模板两面的杂物
2. 安装梯板的底模。在KL3梁侧模预留的缺口处，装上底模，要求底模上边与梁侧模的上边齐平，在底模上钉两根铁钉固定
3. (学生完成)
4. (学生完成)
5. (学生完成)
6. 安装其他踏步板。保证与反三角木卡口连接严实，同时保证竖直度
7. 安装步步紧加固。在侧模和反三角木之间安装步步紧，每一踏步左右各一道步步紧，保证牢固
8. 检查验收。按照模板验收要求对柱模板进行验收，完成验收记录表

三、质量检查验收要点(学生完成)

四、应注意的安全问题
1. 进入施工现场必须戴好安全帽
2. 不得踩踏钢筋笼和模板
3. 模板支撑不得使用腐朽、扭裂、劈裂的材料，顶撑要垂直，底端平整坚实，并加垫木，木楔要钉牢并用拉杆拉牢
4. 模板未支牢固不准离开，如离开得有专人看护
5. 拆除模板应经施工技术人员同意，操作时应按顺序分段进行，严禁猛撬、硬砸或大面积撬落和拉倒，完工前，不得留下松动和悬挂的模板，拆下的模板应及时运送到指定地点集中堆放</td></tr>
</table>

专业技术负责人：　　　　交底人：　　　　接受人：

表 6-10　质量验收记录

楼梯模板工程验收记录表							
验收内容	允许偏差/mm	得分	检验方法	自评	互评	师评	备注
轴线偏移	±3	10	钢尺				
截面尺寸长	±2	10	钢尺				
截面尺寸宽	±2	10	钢尺				
垂直度	3	10	钢尺				
阴阳角	2	10	查看				
表面平整	2	10	查看				
牢固		15	查看				
安全性		15	查看				圆钉不可外露
工完场清		5	查看				
综合印象		5	观察				
合计		100					

四、项目实施

劳动组织形式

本项目实施中，对学生进行分组，学生 4 人成一个工作小组。各小组施工前制定出技术交底记录，组长作为技术指导负责人，协助教师参与指导本组学生学习，检查项目实施进程和质量，制定改进措施，共同完成项目任务。任务分配，见表 6-11。

表 6-11　任务分配表

序号	各组成员组成	成员工作职责	实施人	备注
1	任务准备	1. 图纸 2. 建筑施工技术（教材） 3. 钢筋混凝土工程质量验收规范 4. 工具	全组成员	
2	过程实施	1. 钢筋验收 2. 钢筋绑扎 3. 安装模板 4. 验收检查	全组成员	
3	交流改进	1. 进度检查 2. 质量检查 3. 改进措施	组长	
4	评价总结	各小组自评、互评	全组成员	

所需设备与器件

结构施工图一张、技术交底及各项表格、加工好的钢筋、模板、工具等。

项目评价

按时间、质量、安全、文明、环保要求进行考核。首先学生按照表6-12项目考核评分,先自评,在自评的基础上,由本组的同学互评,最后由教师进行总结评分。

表6-12 项目考核评价表

姓名: 总分:

序号	考核项目	考核内容及要求	评分标准	配分	学生自评	学生互评	教师考评	得分
1	时间要求	240分钟	不按时无分	10				
2	施工要求	钢筋验收	配料单,验收单错误每一处扣1分	20				
		钢筋绑扎	错误每一个扣1分	30				
		模板安装	1. 平整,缝隙小,牢固,20—25分 2. 局部不平整,连接处缝隙较小,15—20分 3. 基本完成,缝隙较大10—15分 4. 铁钉使用较多,酌情减2—5分	25				
3	安全要求	遵守安全操作规程	不遵守酌情扣1—5分	5				
4	文明要求	遵守文明生产规则	不遵守酌情扣1—5分	5				
5	环保要求	遵守环保生产规则	不遵守酌情扣1—5分	5				

注:如出现重大安全、文明、环保事故,及损坏设备,本项目考核记为0分。

五、项目实施过程中可能出现的问题及对策

问 题

在楼梯钢筋模板的实训过程中,有三个问题容易出现:

1. 受力筋和分布筋位置的错误。

2. 起步距离的取值大小。
3. 模板安装时侧模与梁侧模的搭接。

解决措施

结合图纸和实物参照进行讲解示范，掌握原因，再操作就可以不再出错。

❖ 课后练习 ❖

一、完成工作日志

工作日志

<table>
<tr><td>时　间</td><td>年　月　日</td><td>天气情况</td><td></td><td>记录人</td><td></td></tr>
<tr><td colspan="6">日　志　内　容</td></tr>
<tr><td rowspan="2">工作内容</td><td colspan="5">备忘事项：</td></tr>
<tr><td colspan="5">今日工作：</td></tr>
<tr><td rowspan="2">发现问题的整改及落实情况</td><td colspan="5">今日发现的问题：</td></tr>
<tr><td colspan="5">今日存在的安全隐患：</td></tr>
</table>

续表

发现问题的整改及落实情况	整改及落实情况：
备注	

二、在A4图纸上规范绘制实训楼梯的配筋构造图